BUNTE
KOSMOS
TASCHEN
FÜHRER

Bunte Kosmos-Taschenführer

Kosmos · Gesellschaft der Naturfreunde
Franckh'sche Verlagshandlung · Stuttgart

Dagmar Thies

62 Katzen in Farbe

Katzenrassen - Rassekatzen
gezeigt in 62 Farbfotos

Kosmos · Gesellschaft der Naturfreunde
Franckh'sche Verlagshandlung · Stuttgart

Umschlag von Edgar Dambacher
unter Verwendung eines Fotos von Hans Reinhard
Das Foto zeigt Siam Sealpoint und Perser Shaded Cameo
Mit 62 Farbfotos von Artschwager S. 53, Brunner S. 11, 51; Corree S. 61, 65, 67; Culman S. 53; Dr. Fischer S. 15; Gnaps S. 23; Heinemann S. 41, 43; Hinze S. 59; Hinz S. 15, 17, 19, 21, 29, 33, 39, 43, 57; Kats van der Wal S. 37; Kempf S. 65; Kizzier S. 27; Koeneman de Munck S. 33; Kuipers S. 61; Lehrer S. 35; Menk S. 59; Pflueger S. 49; Pleuger S. 25; Reinhard S. 23; Rerat S. 47; Ritze S. 9; Römhild S. 57; van der Sluys S. 55; Smit S. 31; Stotz S. 19, 31; Thies S. 23, 39, 41, 45, 47, 51, 63, 67; Ullmann S. 37, 49; von Walter S. 17, 25, 27; van Wessem S. 29; Zimmermann S. 9, 45 und 3 Schwarzweißfotos von Thies S. 13 sowie 3 Zeichnungen

An dieser Stelle möchte ich all denen meinen Dank aussprechen, die zur Gestaltung dieses Buches beigetragen haben; in erster Linie Frau Dr. Rosemarie Wolff, die mich mit ihrem fachkundigen Rat freundschaftlich unterstützte.

Franckh'sche Verlagshandlung, W. Keller & Co., Stuttgart / 1975

Printed in Italy / Imprimé en Italie / LH 9 dö / ISBN 3-440-04245-6
Gesamtherstellung: Grafiche Muzzio, Padua (Italien)

62 Katzen in Farbe

Katzen - unsere Hausgenossen	5
Rasse- und Farbnummern der FIFE	6
Kleines Lexikon genetischer Grundbegriffe	7
Die Katze und ihr Ursprung	8
Kleine exotische Wildkatzen	10
Rassekatzen - Katzenrassen	12
Langhaar	14
Halblanghaar	32
Haarmutationen	36
Kurzhaar, schwere Form	38
Kurzhaar, Skelettmutationen	48
Kurzhaar, mittelkräftige Form	50
Kurzhaar, Schlankform	56
Ernährung und Pflege unserer Katzen	68
Ideale Katzenhaltung - Glückssache?	69
Literatur	70
Register der Katzennamen	71

Katzen-unsere Hausgenossen

In der nubischen Sprache heißt die Katze "kadiska". Daraus entwickelte sich das lateinische Wort "cattus", aus diesem wiederum unser Wort "Katze", das englische "cat" und das französische "chat". Der Volksbrockhaus vermerkt unter dem Stichwort "Katzen":
"... Raubtierfamilie; Zehengänger, meist mit einziehbaren Krallen, vorzügliche Springer und Schleicher, mit scharfem Seh-, Hör- und Tastvermögen. Zu den Katzen gehören Luchs, Gepard, ferner Löwe, Tiger, Leopard, Jaguar, Puma...".
Es kann — wegen seines begrenzten Raumes — nicht Aufgabe dieses Bunten KOSMOS Taschenführers sein, erschöpfendes Wissen über alle Katzenarten zu vermitteln. Seine Aufgabe besteht vielmehr darin, die Vielfalt der Zuchtrassen und -varietäten der Hauskatze in der gesamten Welt kurz aufzuzeigen. Der interessierte Leser soll dazu angeregt werden, sich nach den am Ende dieses Bandes angeführten Literaturhinweisen weiteren Lesestoff zu beschaffen, um sich dann vielleicht die "Katze seiner Wahl" in sein Heim einzuladen.
Die Katze war, ist und bleibt der ideale Hausgenosse für uns Menschen. In sozialer Gemeinschaft mit uns beweist sie, daß sie zwar ein stolzer Individualist, im Grunde jedoch durchaus nicht der Einzelgänger ist, für den sie fälschlich immer wieder gehalten wird. Sie vermag ihre schönsten und liebenswertesten Eigenschaften voll zu entfalten und schenkt uns das beglückende, heilsame Gefühl, eng mit einem Teil der Natur verbunden zu sein...

Rasse- und Farbnummern der FIFE

Langhaar

1 Perser Schwarz
2 Perser Weiß, blauäugig
2 a Perser Weiß, orangeäugig
2 b Perser Weiß, odd-eyed
3 Perser Blau
4 Perser Rot
5 Perser Creme
6 Perser Blacksmoke
6 a Perser Bluesmoke
7 Perser Silbergestromt
8 Perser Braungestromt
9 Perser Rotgestromt
10 Perser Chinchilla
11 Perser Schildpatt
11 a Perser Blauschildpatt
11 b Perser Blauschildpatt und Weiß
12 Perser Schildpatt und Weiß
12 a Perser Bicolor
13 a Perser Cameo Shell und Cameo Shaded sowie andere, noch nicht anerkannte Langhaarvarietäten
13 b Colourpoint, Abzeichenfarben wie Siam
13 c Birma, Sealpoint und Bluepoint
13 d Türkische (Van) Katze

Kurzhaar

14 Europäisch Kurzhaar Weiß, blauäugig
14 a Europäisch Kurzhaar Weiß, orangeäugig
14 b Europäisch Kurzhaar Weiß, odd-eyed
15 Europäisch Kurzhaar Schwarz
16 Kartäuser (British Blue)
16 a Russisch Blau
17 Europäisch Kurzhaar Creme
18 Europäisch Kurzhaar Silbergetigert und -gestromt
19 Europäisch Kurzhaar Rotgetigert und -gestromt
20 Europäisch Kurzhaar Braungetigert und -gestromt
21 Europ. Kurzhaar Schildpatt
22 Europäisch Kurzhaar Schildpatt und Weiß
23 Abessinier Wildfarben (Normal)
23 a Abessinier Rot
24 Siam Sealpoint
24 a Siam Bluepoint
24 b Siam Chocolatepoint
24 c Siam Lilacpoint
25 Manx
26 Andere, noch nicht anerkannte Kurzhaarvarietäten
27 Burma Braun
27 a Burma Blau
27 b Burma Chocolate
27 c Burma Lilac
27 d Burma Red
27 e Burma Tortie
27 f Burma Cream
27 g Burma Bluecream
27 h Burma Chocolate Tortie
27 j Burma Lilaccream Tortie
28 Europäisch Kurzhaar Blaucreme
29 sb Orientalisch Kurzhaar Schwarz, Ebony
29 a Orientalisch Kurzhaar Blau
29 Orientalisch Kurzhaar Braun, Havana
29 c Orientalisch Kurzhaar Lila, Lavender
30 Europäisch Kurzhaar getupft, alle Farben
31 Europäisch Kurzhaar Bicolor
32 Siam Tabbypoint, alle Farben
32 a Siam Redpoint
32 b Siam Tortiepoint
32 c Siam Creampoint
32 x Siam, weit. Abzeichenfarben
33 Rex, Gen I (Cornish, German)
33 a Rex, Gen II (Devon)
34 Korat
35 Orientalisch Kurzhaar Weiß, Foreign White
36 Europäisch Kurzhaar Smoke

Kleines Lexikon genetischer Grundbegriffe

Agouti: auch "Ticking" genannt. Bänderung jedes einzelnen Haares (z.B. bei Abessinier), verursacht durch einen dominanten Erbfaktor. Bewirkt zusammen mit der Anlage für Tabbyzeichnung deren Ausbildung.
Allele: Meist paarweise auf den Chromosomen angeordnete Erbfaktoren (Erbanlagen, Gene). Sie ergeben meist Unterschiede im Phänotypus.
Bastard: Hybrid. Durch Kreuzung entstandenes Lebewesen mit ungleichen Erbanlagen.
Chromosomen: Intensiv färbbare Bestandteile des Zellkerns. Die Allele sind auf ihnen paarweise linear angeordnet.
Dominante Gene: Vorherrschende Gene. Unterdrücken bei Mischerbigkeit die Wirkung des zweiten, ihnen zugeordneten Allels.
Erbfaktor: Siehe Allele
Gene: Erb-Einheiten, siehe Allele
Genotypus: Erbbild. Gesamtheit der Gene eines Organismus
Hybrid: Siehe Bastard
Intermediär: (= dazwischenliegend) Intermediär vererbend nennt man Erbanlagen dann, wenn bei Kreuzung unterschiedlicher Eigenschaften nicht die eine oder andere Eigenschaft bei den Nachkommen in Erscheinung tritt, sondern eine neue, häufig dazwischenliegende Form (z.B. Tonkanesen).
Inzucht: Fortpflanzung zwischen verwandten Lebewesen oder innerhalb eines abgeschlossenen Stammes.
Kreuzung: Siehe Bastard
Mutation: Veränderung des in den Chromosomen gelegenen Erbgutes.
Phänotypus: Erscheinungsbild eines Lebewesens, geprägt durch den Genotypus im Zusammenwirken mit Umwelteinflüssen.
Rasse: Größere Gruppe von Einzelwesen, die durch erblichen Gemeinbesitz bestimmter körperlicher und geistiger Beschaffenheit verbunden sind.
Rezessiv: (= zurücktretend) verhält sich ein Gen gegenüber seinem Allel, wenn seine Wirkung in mischerbigem Zustand nicht im Phänotypus sichtbar wird.
Selektion: Auswahl bestimmter, gewünschter Exemplare für die Weiterzucht.
Ticking: Siehe Agouti

Hinweis: Für den züchterischen Standard sind die Farbbeschreibungen im Text verbindlich; wo Augen- oder Fellfarbe auf den Fotos diesen Beschreibungen nicht entsprechen, weichen die gezeigten Katzen vom züchterischen Ideal ab.

Die Katze und ihr Ursprung

Über die Herkunft der Hauskatze hat sich schon mancher Wissenschaftler den Kopf zerbrochen. Seit Karl von Linné, der schwedische Naturforscher (1707-1778), dieser Frage intensiv nachging, gab es immer wieder neue Theorien und Mutmaßungen. Auch heute kann man nichts Endgültiges über die Ur-Katze und ihre Geburtsstätte sagen, obwohl die Wissenschaft in den letzten Jahrzehnten in ihren Nachforschungen ein gutes Stück vorangekommen ist.

Es wird angenommen, daß die Katze ursprünglich aus Nordafrika stammt. Die Nordafrikanische *Falbkatze* (Felis silvestris lybica) hatte einen besonders schlanken Körperbau und war leicht zu zähmen (Abb. rechts oben). Sie wurde in Ägypten bereits vor 5000 Jahren domestiziert. Die Gelehrten streiten sich noch, ob die Zähmung aus kultischen (die Katze wurde als göttliches Wesen verehrt) oder aus praktischen Gründen (die Katze verteidigte die Nahrungsvorräte gegen Mäuse) erfolgte. Fest steht, daß die bereits domestizierte Katze von Ägypten aus ihren Siegeszug über die Welt antrat.

Professor Dr. Hans Petzsch, prominenter Forscher der "Katzenkunde", ist sich jedoch nicht ganz sicher, ob die Felis silvestris lybica tatsächlich die einzige Stamm-Mutter der Hauskatze war, der Linné den eigenen wissenschaftlichen Namen "Felis catus" zuteilte. Denn manche Wissenschaftler sehen eine zweite Felis silvestris-Unterart, die cremegraue Buschwildkatze des äthiopischen Hochlandes (Felis silvestris ocreata), als Mit-Stamm-Mutter an. Aber auch diese Ansicht ist nur eine Theorie. Professor Petzsch beruft sich hierbei auf Dr. Burchard Brentjes, Professor für Frühgeschichte des Orients in Halle an der Saale, der in seinen Forschungsarbeiten nachweisen konnte, daß in Vorderasien die Hauskatze wesentlich früher als in Ägypten gehalten und domestiziert worden ist. Dies erhärten Funde aus dem 6. Jahrtausend v. Chr., die mit Katzen spielende Frauen darstellen. Es sind bis heute die ältesten bekannten Katzendarstellungen der Welt.

Eine Verwandte, aber kein Vorfahr der Felis silvestris lybica ist die *Wildkatze* oder *Waldwildkatze* (Felis silvestris Schreber, 1877, Abbildung rechts unten). Seit 1939 steht sie in Deutschland unter Naturschutz und konnte sich seither stark vermehren. Vor allem die schön getigerte Form, die einige Jahrzehnte lang verschwunden war, taucht bei uns wieder auf und wurde im Harz, im Westerwald, Spessart, Hunsrück und in der Eifel von Jägern und Forstleuten beobachtet.

Die Frage nach der Ur-Mutter oder den Ur-Müttern unseres anmutigen Hausgenossen mag noch immer nicht vollständig geklärt sein - geklärt ist immerhin, woher die Feliden (die katzenartigen Tiere) stammen: Vor 65 Millionen Jahren gab es schon primitive Raubtiere, die von den Wissenschaftlern "Creodonta" genannt werden. Ungefähr vor 50 Millionen Jahren existierten auf der Erde die sogenannten Miacidae, Ur-Raubtiere.

Weil sie Hunden ähnelten und auch die Katzen ursprünglich auf die Miacidae zurückgehen, wurde eine Zeitlang die Theorie aufgestellt, die Katze stamme vom Hund ab. Dies trifft aber auf keinen Fall zu.

Heute vermutet man, daß sich vor etwa 40 Millionen Jahren aus den Miaciden die Vorfahren der Schleichkatzen entwickelt haben. Zu diesen Schleichkatzen gehören z.B. Mungo und Ginsterkatze (Genette).

Bereits vor 35 Millionen Jahren lebten Vorläufer der Felidae als katzenartige Tiere. Seit zehntausend Jahren gibt es die Familie der Katzen...

Kleine exotische Wildkatzen

Alle Katzen gehören zu einer Familie, unsere einheimische Hauskatze ebenso wie die freilebenden Arten in allen Teilen der Welt. Sie haben vieles gemeinsam. Sie alle besitzen ein großes Zärtlichkeitsbedürfnis und spielen gern. Sie haben scharfe, spitze Zähne und verzehren Fleisch. Luchs und Puma schnurren genauso wie Hauskatzen, und Leopardenmütter lehren ihre Jungen, nach ihrem eigenen Futter zu jagen — genau wie es die Mütter der Hauskatzen tun. Diese Ähnlichkeiten im Verhalten haben leider immer mehr Menschen dazu verführt, sich den Wunsch nach einer jungen Wildkatze zu erfüllen. Großer Beliebtheit erfreuen sich wegen ihrem den menschlichen "Pflegetrieb" ansprechenden "Kindchentypus", ihrem runden Kopf mit den großen, glänzenden Augen der Nachttiere, besonders die aus den Urwäldern Südamerikas stammenden *Oncilla* (d.h. "Kleinjaguar", Oncifelis pardinoides, Gray 1867), *Margay*, auch "Langschwanzkatze" genannt (Leopardus tigrinus, Schreber 1877) und *Ozelot* (Leopardus pardalis, Linné 1758, Abbildung rechts). Sie alle ähneln sich im Aussehen sehr, obwohl sie größenmäßig recht unterschiedlich sind: Die Oncilla ist kleiner als unsere Hauskatze, der schlanke, hochbeinige Margay, ein reines Baumtier, etwas größer, und der am Boden lebende, schwere, gedrungene Ozelot erreicht etwa die Größe eines mittleren Jagdhundes.

Das Ergebnis der starken Nachfrage ist, daß trotz aller Verhinderungsmaßnahmen einzelner einsichtiger Regierungen hilfose, verlassene Jungtiere nach dem Abschuß der Eltern auf ungewisse Schiffsreisen in andere Erdteile verschickt werden. Nur ein verschwindend geringer Teil dieser bedauernswerten Wesen erreicht in der Regel das Ziel der Reise. Die meisten sterben unterwegs an den Folgen mangelnder Versorgung und unzweckmäßiger Ernährung. Die Überlebenden werden zu entsprechend hohen Preisen über Händler an Liebhaber verkauft, welche sich zumeist vor dem Ankauf des Risikos, das sie eingehen, in keiner Weise bewußt sind. Sie ahnen nicht, daß sich die jungen Exoten so eng an ihren ersten Pfleger anschließen, daß eine spätere Trennung oft Siechtum und Tod oder kaum zu überwindende Bösartigkeit der erwachsenen Katzen nach sich ziehen kann. Denn eine Trennung wird — trotz aller guten Vorsätze — später häufig schon allein deshalb erwogen, weil alle erwachsenen Wildkatzen ihr Revier mit übelriechendem Urin markieren, womit sich eine dauernde Haltung in menschlichen Wohnungen verbietet. Meist läßt sich kein entsprechendes Freigehege einrichten, obwohl es für solch einen anspruchsvollen Pflegling unerläßlich ist. Auch die Ernährung bereitet oft Schwierigkeiten, da täglich möglichst frisch getötete Küken, Mäuse, Hühner oder Meerschweinchen für ein ungestörtes Wohlbefinden der Wildkatzen äußerst wichtig sind. Um diese Schwierigkeiten zu umgehen, versuchte man vielfach, aus Kreuzungen der kleinen Exoten mit Hauskatzen zahme, weniger anspruchsvolle Hybriden zu züchten, welche im Äußeren ihrem wilden Elternteil weitgehend ähneln sollten. Wegen stark voneinander abweichender Chromosomensätze der Partner erwiesen sich jedoch die getupften Nachkommen bisher stets als nicht fortpflanzungsfähig. Mit Kreuzungsversuchen eines *Bengalkaters* (Felis bengalensis), dessen Heimat Südostasien ist und der äußerlich der Oncilla ähnelt, und einer schwarzen Hauskatze beschäftigt sich gegenwärtig der kalifornische Arzt. Dr. Centerville, um eine "Domestic Leopard Cat" zu erzielen.

Das Ergebnis seiner Bemühungen braucht man indes nicht abzuwarten, denn die elegante Orientalisch Kurzhaar Tabby vermag ebenfalls in idealer Weise den Wunsch vieler Katzenliebhaber nach einem getupften, exotisch aussehenden Hausgenossen zu erfüllen.

Im Grunde genommen kann man jede Katze mit bekannten und im Zuchtbuch eines Verbandes eingetragenen Vorfahren als "Rassekatze" bezeichnen. Jedoch erst nach drei Reinzuchtgenerationen wird sie in der Welt der "Cat Fancy" als "zu einer anerkannten Zucht gehörig" bezeichnet. Die offizielle Anerkennung einer Neuzüchtung wird (in Europa durch den Governing Council of the Cat Fancy, GCCF) im allgemeinen dann ausgesprochen, wenn sechs Katzen aus drei Generationen auf einer Internationalen Ausstellung einem Zuchtrichterkollegium vorgeführt und als "zuchtwürdig" befunden werden. Der britische GCCF wurde im Jahre 1910 als Dachorganisation der seit 1887 in England gegründeten Katzenclubs ins Leben gerufen und arbeitet mit Zuchtverbänden aller Kontinente zusammen. Eine ähnlich aufgebaute, in erster Linie auf Europa beschränkte Organisation entstand nach dem zweiten Weltkrieg in Frankreich (Féderation International Féline - FIFE). Sie schließt sich weitgehend den Vorschlägen des GCCF an. Andere Katzenzuchtvereinigungen Europas, die sich selbst "unabhängige" nennen, erwerben meist unmittelbar die Anerkennung des GCCF. In Amerika gibt es ebenfalls zahlreiche Clubs, die sich die Aufgabe gestellt haben, die Reinzucht von Rassekatzen und ihre Haltung als Heimtier zu fördern. Die meisten von ihnen unterhalten Verbindung mit den großen Verbänden Europas.

Sämtliche Katzenclubs der Welt veranstalten regelmäßig Katzenausstellungen, um ihre schönsten Zuchtergebnisse und zugleich die Katzenhaltung einem breiten Publikum bekannt zu machen. International bestätigte Zuchtrichter bewerten die Katzen nach feststehenden Standards und weisen damit den Züchtern unter den Ausstellern indirekt ihren weiteren Zuchtweg. Noch nicht durchgezüchtete Rassen und Varietäten nennt man in der englischen Züchtersprache "any other variety" (AOV). In der auf Seite 6 gezeigten Farb- und Rassentabelle der FIFE befinden sie sich unter den Nummern 13a für Lang- und 26 für Kurzhaar.

Da in diesem Band auch Varietäten beschrieben sind, die außerhalb Europas gezüchtet werden, sind die Katzenrassen, der besseren Übersicht wegen, zu größeren Gruppen zusammengefaßt. Eigentlich müßte diese Gruppierung aus entwicklungsgeschichtlichen Gründen mit Kurzhaar beginnen. Da jedoch die Rassennummern der Katzenzuchtverbände allgemein bei Langhaar anfangen, wurde diese Ordnung ebenfalls beibehalten.

Die Gruppen 1 (Langhaar) und 2 (Halblanghaar) umfassen Katzen von verschiedenem Körperbau, lediglich unter dem Gesichtspunkt der Fellbeschaffenheit geordnet. Zu Gruppe 3 (Kurzhaar, schwere, gedrungene Form) gehört unsere Europäisch Kurzhaar, die im Typ der "British Shorthair" oder der amerikanischen "Exotic Shorthair" entspricht. (Die "American Shorthair" genannte Rasse, für die es in Amerika einen eigenen Zuchtstandard gibt, entspricht im Typ unserer hiesigen, keinem Standard zugeordneten Hauskatze.) Gruppe 4 bildet mit ihrer mittelschweren Form den Übergang zu den modernen Siamesen und den ebenso schlanken Orientalisch Kurzhaar (früher "Einfarbige Schlankform") der Gruppe 5. Katzen mit Skelettveränderungen sind ihrem Körpertyp entsprechend auf Seite 48 aufgeführt. Die nebenstehenden Abbildungen geben einen Überblick und zeigen eine weiße Perserkatze (Gruppe 1 - oben), eine weiße Europäisch Kurzhaar (Gruppe 3 - links unten) und eine weiße Orientalisch Kurzhaar (Gruppe 5 - rechts unten).

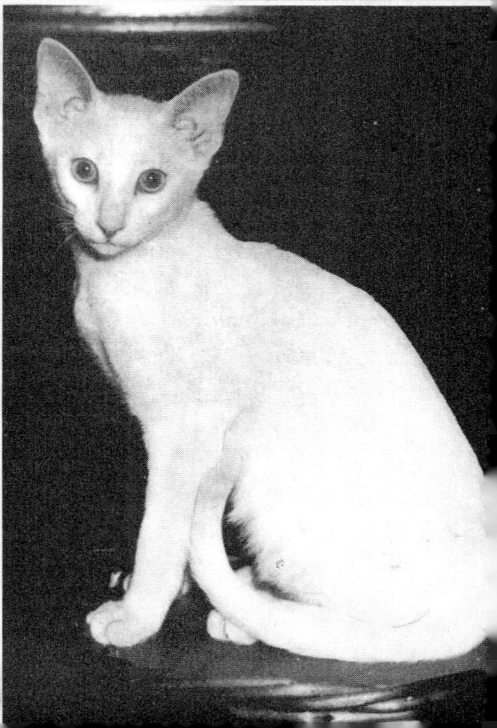

In Europa wird bislang nur eine große Gruppe von Langhaarkatzen in allen denkbaren Farben gezüchtet. Man nannte sie früher "Angora", heute heißen sie allgemein "Perser". Über ihre genaue Herkunft herrscht Unklarheit. Mit Sicherheit steht einzig fest, daß sie im Vorderen Orient bereits vor etwa 400 Jahren gezüchtet worden ist.
Der Bau der Perser ist groß und kräftig. Wie bei allen Katzenarten, sind auch bei ihnen Kater meist schwerer als Kätzinnen. Reiches, fließendes Haar umgibt einen massiven Körper auf kurzen, stämmigen Beinen. Diese Behaarung besteht (besonders bei Schwarz und Tabby) aus dem langen, seidigen Grannenhaar und dem extrem langen Unterfell, das im Frühjahr ausgekämmt werden muß, damit es nicht verfilzt. Erst im Herbst wächst es wieder in voller Schönheit nach, und die Perser wird "ausstellungsreif". Der breite, runde Kopf ist dicht behaart, so daß die weit auseinandergesetzten, winzigen Ohren, aus denen lange Fellbüschel wachsen, kaum zu erkennen sind. Auch die Augen liegen weit auseinander und sind groß, rund und ausdrucksvoll. Volle Wangen, breite Schnurrhaarkissen und ein kräftig geformtes Kinn verleihen der Perser einen majestätischen Ausdruck. Die Nase ist kurz und zwischen den Augen tief gesattelt. Eine Krause aus besonders langem, weit abstehendem Fell umgibt, vor allem beim Kater, Nacken und Hals. Der Schwanz ist kurz, wirkt jedoch durch das lange Haar ebenso breit wie der gesamte Körper. Er wird meist niedrig getragen. An den Beinen ist die Behaarung kürzer und sehr dicht. Sie umschließt die Zehen und bedeckt auf diese Weise sogar die Fußsohlen.

Perser Weiß
Weiße Perser kennt man in Europa seit mehreren hundert Jahren. Ursprünglich besaßen sie alle blaue Augen (Abbildung rechts oben) wie ihre türkischen Vorfahren. Sie waren meist taub, genossen aber gerade deshalb die besondere Hochschätzung des Menschen, da sie stets sehr vornehm und erhaben wirkten. Bis heute gelang es noch nicht, ein einheitliches Zuchtprogramm zur Beseitigung dieses angeborenen Mangels zu entwickeln, der in einer besonderen Erbanlage begründet ist. Blauäugige weiße Perser ziehen sich gern in stiller Einkehr zurück und entschließen sich nicht leicht zum Spiel. Der Kontakt zu kätzischen Artgenossen erscheint auf Grund der Taubheit meist gestört, da z.B. Drohlaute des Partners bei allzu vertraulicher Annäherung oft zu spät wahrgenommen werden. Blauäugige Kater zeigen dem Menschen gegenüber nur zögernd ihre Zuneigung, sind aber im Verhalten gegen Kätzinnen durchaus temperamentvolle Liebhaber.
Um den Typ der blauäugigen weißen Perser zu verbessern, paarte man sie häufig mit blauen oder schwarzen Persern. Als Resultat erhielt man die wunderbaren orange- oder bernsteinfarbenen Augen der zweiten Varietät (rechts unten), welche eine gesonderte Zucht darstellt. Im Gegensatz zu ihren blauäugigen Verwandten besitzt sie ein normales Hörvermögen und ist eine kontaktfreudige, freundliche und intelligente kleine Persönlichkeit, die sich ihrer makellosen Schönheit durchaus bewußt zu sein scheint.
Neben diesen beiden Varietäten kennen wir noch den Typ der weißen Perser mit zwei verschieden gefärbten Augen. Man nennt diese Katze "odd-eyed". Manchmal ist sie auf der Seite, auf der sich das blaue Auge befindet, taub. "Odd-eyed" sind erst seit kurzer Zeit durch den GCCF anerkannt, obwohl ihre Zucht ebenso alt ist wie die der beiden anderen weißen Varietäten. Sie galten im Altertum als Glücksbringer.

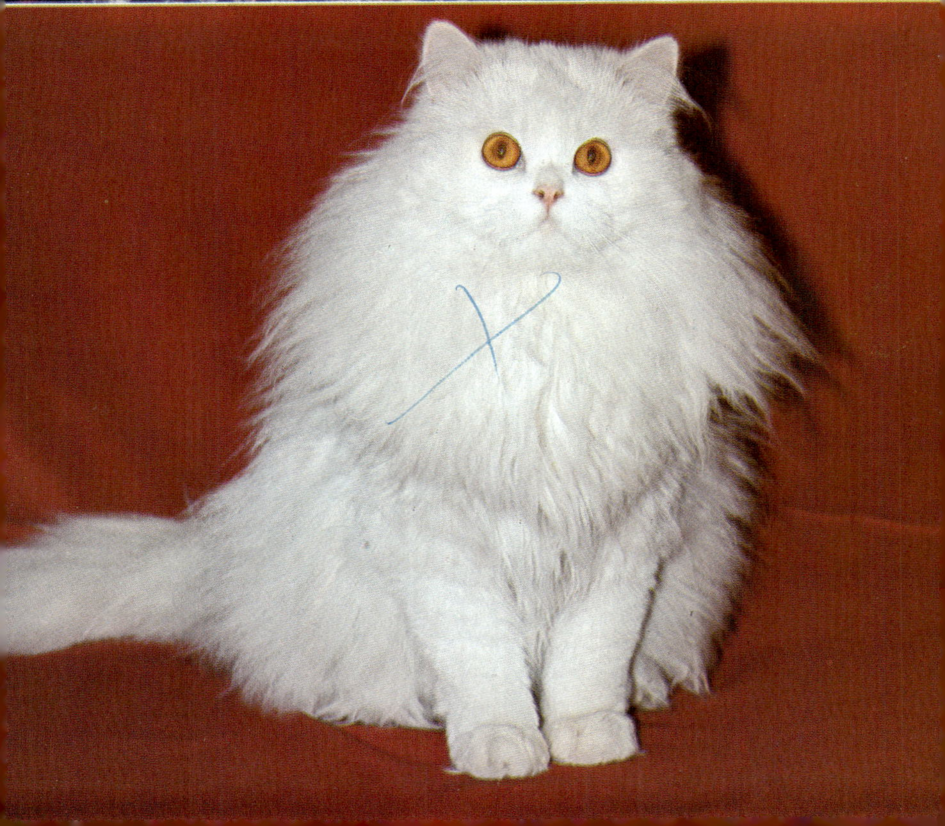

Perser Schwarz

Die schwarze Perser (rechts oben), neben den weißen Persern eine der ältesten Züchtungen der Welt, wirkt besonders durch den wundervollen Kontrast ihrer tief orangefarbenen Augen und des glänzend schwarzen, seidig langen Haarkleides. Eine rabenschwarze, erwachsene Perserkatze kann eine einmalige Schönheit darstellen, denn wirklich schwarze Langhaarkatzen sind äußerst selten. Bei fast allen findet man im Fell vereinzelt weiße Haare oder sie weisen rostfarbene Stellen auf. Manche Perserzüchter führen diese Erscheinung auf zu intensive Sonneneinwirkung im Freien oder feuchtes Wetter zurück, da das Fell dieser Katzen meist sehr fein und empfindlich ist. Es wirkt sich daher in jeder Beziehung vorteilhaft aus, wenn bei der Zucht durch Auslese (Selektion) erreicht wird, daß das Haar härter und straffer wird als bei den anderen Varietäten. Auch kann während des Fellwechsels im Sommer bei ihnen eine bräunliche Tabbyzeichnung ("Geisterzeichnung") sichtbar werden, die bei schwarzen Katzen normalerweise unsichtbar bleibt, obwohl die Anlage dafür im Erbbild vorliegt. Es ist sehr bedauerlich, daß gerade die schwarze Perser ihr Aussehen so häufig nachteilig verändert. Bereits als Jungtier wirkt sie zunächst unfertig. Ihr Fell erscheint lange Zeit rostbraun oder zeigt sichtbare weiße oder graue Schattierung. Es dauert oft bis zu zwei Jahre, bis sich die endgültige, tiefschwarze Haarfarbe bildet. Auch der Wechsel der Augenfärbung vom Blau des Jungtieres bis zum Orange oder Kupfer der erwachsenen Katze vollzieht sich bei ihr besonders langsam.
Die schönsten schwarzen Perser stammen meist nicht von zwei schwarzen Eltern. Häufig ist ein Elternteil blau. Auch kontrastreiche, schildpattfarbene Kätzinnen können herrliche schwarze Perser hervorbringen.

Perser Blau

Eine der beliebtesten Farben in der gesamten Rassekatzenzucht ist ohne Zweifel das Blau. Nicht nur in der Zucht der Perser, sondern auch bei anderen Rassen spielte es schon immer eine Rolle. Blau entstand ursprünglich auf Grund einer Farbmutation aus Schwarz. Es war schon im Altertum bekannt. Blaue Perser (rechts unten) werden in England seit 1898 planmäßig gezüchtet, nachdem vorher nur die Bluetabby (s.S. 24) bekannt und anerkannt gewesen war.
Auf den großen Katzenausstellungen aller Kontinente sind blaue Perser mit ihren tief orange- bis kupferfarbenen Augen und ihrem herrlichen Typ wegen ihrer gleichbleibenden Beliebtheit meist als besonders große Gruppe vertreten, so daß es den Zuchtrichtern oft schwerfällt, die Schönste der Schönen zu ermitteln.
Die Fellfärbung der blauen Perser soll am ganzen Körper gleichmäßig sein. Weiße Haare oder ungleichmäßige Schattierungen sind unerwünscht. Auch die üppige, lange Halskrause darf nicht heller erscheinen als das übrige Haarkleid, das weit abstehend gebürstet wird. Doch nur durch ständige, regelmäßige Pflege läßt sich eine gute Ausstellungskondition erzielen. Zuchtkatzen sollten möglichst weitgehend ihrem Standard-Ideal entsprechen.
Fast alle modernen Perser-Farbschläge zählen blaue Perser zu ihren frühen Vorfahren. Auch heute noch nimmt man sie gern zur Typverbesserung derjenigen Farben, die seltener gezüchtet werden, da sie in der Gunst der Katzenfreunde noch nicht so hoch stehen. Die Haarfarbe schwarzer Katzen, welche blaue Vorfahren besitzen, ist erfahrungsgemäß besonders einheitlich, und für die Zucht von Creme, Blaucreme oder Colourpoint bildete die blaue Perser die entscheidende züchterische Grundlage.

Perser Creme

Das weich fließende Fell dieser attraktiven und beliebten Varietät der Langhaarkatzen (rechts oben) zeigt eine blasse, cremefarbene Tönung. Im Idealfall weist das gesamte Haarkleid bis zu den Haarwurzeln den gleichen Farbton auf. Doch leichte Streifung an den Beinen ist ebenso verbreitet wie ein zu heller Bauch und eine weißliche Schwanzspitze — dies wird aber als Fehler gewertet. In herrlichem Kontrast zur Cremefarbe des Felles und der Halskrause stehen die tief kupferfarbenen, beinahe metallisch leuchtenden Augen.

Die cremefarbenen Perser besitzen im allgemeinen ein äußerst umgängliches, sanftes Wesen und sind fröhliche, liebenswerte Hausgenossen. Gewöhnlich neigen sie dazu, der leisesten Unruhe und Aufregung aus dem Wege zu gehen, obwohl sie durchaus fähig sind, sich selbst zu verteidigen, wenn es unbedingt sein muß. Cremefarbene Jungtiere erinnern an zarte Eintagsküken. Es gibt Katzen, deren Cremetönung zu kräftig, zu "heiß" ("hot-cream") erscheint. Es ist möglich, daß diese "Hot-Cream" in Wahrheit "Creme-Tabby" sind, denn nachweislich gelingt es mit ihrer Hilfe, bei Paarung mit "Non-Agouti" (z.B. Schwarz) unter anderem auch Tabby-Nachwuchs zu erhalten. Paarungen zwischen einwandfreiem Creme und Blau ergeben, neben hübschen Blauen und Blaucremen, meist Jungtiere in der erwünschten blassen, gleichmäßigen Pastelltönung (wenn man es nicht vorzieht, zwei Creme-Partner miteinander zu verbinden).

Perser Rot

Die einfarbig rote Perser (rechts unten), eine der schönsten Farben überhaupt, ist eine Langhaarkatze mit ungewöhnlichem Charakter. Meist wird sie schon nach kurzer Zeit "Star" in jeder Katzenfamilie. Sie ist selbstbewußt und zeigt freundliches Interesse für alles, was sich in ihrer Umgebung ereignet. Kater gelten häufig als unverbesserliche Kämpfer, sobald sich dazu Gelegenheit bietet. Doch im täglichen Umgang mit ihrer Familie sind sie sanft und anschmiegsam.

Es ist ziemlich schwierig, eine wirklich einwandfreie, dem Standard-Ideal entsprechende rote Perser zu finden, die am ganzen Körper keine Spur einer Zeichnung oder Schattierung zeigt. Das seidig fließende Haarkleid sollte tiefrot sein, der Schwanz kurz und reich behaart. Eine volle, nach vorn gebürstete Halskrause umrahmt, besonders im Winter zur Zeit der schönsten Haarbeschaffenheit aller Perser, den breiten, runden Kopf mit den weit auseinandersitzenden kleinen Ohren. Die Nase einer durchgezüchteten roten Perser sollte kurz und breit, die Wangen voll, das Kinn kräftig und gut geformt sein. Die Augen werden tief kupferfarben gewünscht und entsprechen häufig der tiefroten Färbung des Felles. Rote Kätzinnen sind selten. Ein roter Kater kann mit einer Schildpattkätzin weibliche Jungtiere in Rot, Creme, Schildpatt oder Blaucreme und männlichen Nachwuchs in Schwarz, Blau, Rot oder Creme hervorbringen. Auch gute schwarze Kätzinnen können mit Rot gepaart werden, um weiblichen Schildpatt- oder Blaucreme-Nachwuchs zu erhalten. Die roten Jungtiere weisen zunächst häufig eine deutlich erkennbare "Geisterzeichnung" auf. Mit zunehmendem Längenwachstum des Haares verschwindet diese wieder, wenn keines der Elterntiere gestromt war. Die Verbindung von Rot mit Rotgestromt, die oft empfohlen wird, kann zwar zur Vertiefung des Rot beitragen, birgt aber die Gefahr in sich, das unerwünschte "Ticking" in die eigene Zuchtlinie einzuführen.

Perser Schildpatt (Tortoiseshell)
Die schwarzen, roten und cremefarbenen Flecken ihres Haarkleides, welche auch im Gesicht zwischen den orange- oder kupferfarbenen, ausdrucksvollen Augen klar voneinander abgesetzt sind, verleihen der schildpattfarbenen Perserkatze (rechts oben) ein interessantes und reizvolles Aussehen.
Leider gibt es in dieser Varietät nur Kätzinnen, da Kater aus genetischen Gründen entweder nur rot oder nur schwarz sein können. Es kommt zwar vereinzelt vor, daß auch schildpattfarbene Kater geboren werden, doch diese sind fast stets unfruchtbar.
Im Gegensatz zur weit verbreiteten Meinung, daß es schwierig sei, Katzen mit gleichmäßig über den Körper verteilten Farbzonen zu erhalten, behaupten manche Züchter, ihre Zucht sei nicht problematisch. Schildpattkatzen entstehen durch Paarung roter Kätzinnen mit schwarzen Katern oder schildpattfarbener Kätzinnen mit roten oder schwarzen Katern.
Die cremefarbenen Flecken, die sich im Farbmuster ihres Felles neben Rot und Schwarz zeigen, entstehen nur dann, wenn in ihrem Erbbild die Anlage für Tabbyzeichnung (ohne "Ticking"!) vorliegt. Fehlt diese Anlage, so entspricht die Zeichnung nicht dem gewünschten Standard-Ideal, sondern ist unklar und verschwommen. Es kann sogar geschehen, daß eine Kätzin schwarz erscheint, in Wirklichkeit aber genetisch eine Schildpatt ist. Nur ein winziges Fleckchen an irgendeiner unauffälligen Stelle des Körpers weist auf diese Tatsache hin, und erst der rote oder schildpattfarbene (bzw. creme- oder blaucremefarbene) Nachwuchs von einem nicht rot gefärbten Kater verrät diesen Sachverhalt.
Das Wesen der Schildpatt ist ausgesprochen sanft und anhänglich. Sie ähnelt darin den folgenden beiden Farbschlägen:

Perser Blaucreme, Perser Blauschildpatt
Wie die schildpattfarbene Perser sind auch diese beiden Varietäten, "Farbverdünnungen" von Rot und Schwarz, stets weiblichen Geschlechts. Da der Blaucreme (rechts unten) im Erbbild die Anlage zur Tabbyzeichnung fehlt, sind bei ihr die Farben Blau und Creme intensiv miteinander vermischt und wachsen als blaue und cremefarbene Haare im Fell eng nebeneinander. Daher scheint es, als läge ein zarter pastellfarbener Blaucremeschimmer über dem gesamten weichen, seidigen Haarkleid. Ist die Cremefärbung nur schwach ausgebildet, kann Blaucreme leicht für Blau gehalten werden.
Bei der Blauschildpatt dagegen sind blaue sowie kräftiger und zarter getönte Cremeflecken in der gleichen Weise wie bei der dem Standard-Ideal entsprechenden Schildpatt klar voneinander abgesetzt.
Die Augenfarbe beider Varietäten ist tief orange- bis kupferfarben. Ihr Körper ist gedrungen und steht auf kurzen, stämmigen Beinen. Der Schwanz ist besonders reich behaart und buschig.
Ob Blaucreme- oder Blauschildpatt-Nachwuchs entsteht, hängt ganz von der Wahl der Eltern ab. Bei Paarung zwischen einer Blaucreme und einem zart pastellfarbenen Cremekater erhält man weibliche creme und blaucreme und männliche blaue und cremefarbene Jungtiere.
Blauschildpatt ergeben sich meist aus der Paarung roter Kätzinnen mit schwarzen Katern oder schildpattfarbener Kätzinnen mit roten oder schwarzen Katern, sofern alle Partner die Anlage für "Farbverdünnung" in ihrem Erbbild tragen. Die amerikanische Blaucreme entspricht unserer Blauschildpatt.

Perser mit weißer Scheckung
Schildpattfarbene Perser (rot-creme-schwarz) mit weißer Scheckung wurden schon im 19. Jahrhundert planmäßig gezüchtet. Die amerikanische *Calico* sieht ihr sehr ähnlich, nur fehlt ihr das Creme.
Wegen des ansprechenden Äußeren und ihres anschmiegsamen, freundlichen Wesens sind diese Katzen besonders beliebt. Die ebenfalls stets weibliche, weißgescheckte Blauschildpatt (blau und creme) sowie die *Bicolor* (rechts oben Blau, Schwarz und Rot mit Weiß) erlangten erst vor wenigen Jahren ihre offizielle Anerkennung. Sowohl die *weißgescheckte Schildpatt* als auch die Blauschildpatt entstehen meist aus der Verbindung schildpatt- oder blauschildpattfarbener Kätzinnen mit zweifarbigen Katern aller Farbschläge. Leider gelingt auch bei ideal gezeichneten Eltern die Zucht einheitlich gescheckter Jungtiere nur schwer, da sich jene Erbfaktoren, die eine weiße Scheckung verursachen, sehr unterschiedlich ausdrücken. Ihre Wirkung erstreckt sich von einem winzigen, weißen Kehlfleckchen im sonst voll durchgefärbten Haarkleid bis zur gänzlichen Weißfärbung mit nur wenigen kleinen Farbtupfen auf Kopf, Rücken und Schwanz. Alle teilgefärbten ("Particolor") Perser zeigen gut voneinander abgesetzte Farbflecken, die im Idealfall gleichmäßig über Körper und Gesicht verteilt sind. Der Schwanz ist voll pigmentiert. Schultern, Nacken, Vorderbeine und Füße sollten möglichst nicht rein weiß, sondern mit einigen farbigen Tupfen versehen sein. Eine schöngeformte, gleichmäßige Blesse mitten auf der Nase darf keinesfalls fehlen. Insgesamt dürfen nur zwei Drittel des Haarkleides farbig und nicht mehr als die Hälfte weiß sein. Sämtliche Perser mit weißer Scheckung haben dunkel-orange bis kupferfarbene Augen.

Perser Smoke (früher Silbermoor)
Das Wesen der rauchfarbenen Perser ist umgänglich und ausgeglichen. Ein wunderbarer Kontrast zwischen dem hellen Silber ihres Unterfelles und einer der Grundfarben (Schwarz, Blau, Rot usw.), die sich bei ihr nur auf die Spitzen der Haare und auf Maske, Ohren, Beine und Schwanz ("Points") beschränkt, verleihen dieser Varietät ein fremdartiges, faszinierendes Aussehen. Das dunkel gefärbte Gesicht mit den leuchtenden Kupferaugen wird von einer reichen Silberkrause umrahmt. Aus den kleinen Ohren wachsen lange, silbrige Haarbüschel. Das seidenweiche Haar wird hoch gebürstet, damit der lichte Silbergrund zur Geltung gelangen kann. Der Schwanz ist kurz und extrem buschig. Die Färbung der Smoke beruht auf einer Erbanlage, die im Haarschaft die Bildung braungelber Farbstoffe verhindert. Bei Geschwistern sind die Haarspitzen oft in unterschiedlicher Länge pigmentiert. Manchmal zeigt das Haar nur an seiner Wurzel Silberfärbung, sodaß man eine Smoke leicht fälschlich als "einfarbig" einstuft. Gehen später aus der Verbindung dieser vermeintlich Einfarbigen mit einem wirklich einfarbigen Partner Smoke-Jungtiere hervor, ist das Erstaunen groß. Schon unmittelbar nach der Geburt besteht die Möglichkeit, eine spätere Smoke zu erkennen: Sie zeigt im Gesicht eine grell-weiße "Harlekin-" oder "Waschbären-Zeichnung" (rechts innen). Das ganze übrige Fellchen ist beim Neugeborenen zunächst pigmentiert. Im Verlaufe des jugendlichen Fellwachstums wird eine Smoke zunächst hell und zeigt meist deutliche "Geisterzeichnung". Erst später setzt die Wirkung eines anderen Erbfaktors ein, der zusätzlich zur Silberfärbung ein Nachdunkeln der "Points" bewirkt, so daß sich die Schönheit dieser Varietät erst allmählich voll entfaltet (rechts außen). Um Typ und Färbung der Smoke-Perser zu fördern, sollte sie zur Zucht möglichst nur mit einwandfreien farbigen Partnern gepaart werden. Die Verbindung von Smoke-Persern untereinander hat sich, nach Aussage ihrer Züchter, nicht immer bewährt.

Langhaar

Perser Tabby (braungestromt - blaugestromt - rotgestromt)
Wir unterscheiden bei Katzen mehrere Arten der Tabbyzeichnung. Doch bei der Perser gibt man der "Stromung" oder "Räderzeichnung" den Vorzug, da diese in ihrem langen Haar besser zur Geltung kommt. Diese klassische Tabbyzeichnung ist das rezessivste der möglichen Zeichnungsmuster (s.S. 44) und dominiert über Einfarbigkeit. Nur dann kommt Stromung deutlich und in voller Schönheit zum Ausdruck, wenn gleichzeitig die Anlage für "Ticking" im Erbbild vorliegt. Die Abbildungen zeigen ihre verschiedenartige Ausprägung.
Die Grundfärbung des langen, fließenden Haarkleides, das am Körper anliegend gekämmt wird, damit die Zeichnung gut zur Geltung kommt, und der reichen, vollen Halskrause stehen in hellem Kontrast zum dunklen Zeichnungsmuster. Jedes einzelne Haar dieser hellen Zonen zeigt als Folge des Ticking abwechselnd dunkle und hellere Abschnitte ("Bänderung"). Die Zucht gestromter Perser bringt nur dann Erfolg, wenn mindestens ein Elternteil auf Grund des Ticking eine gute, kontrastreiche Stromung besitzt. "Geisterzeichnung" allein genügt nicht!
Stromung gibt es in allen bekannten Farben. Doch nur ein kleiner Teil davon wird planmäßig gezüchtet. Der schwarzen Perser entspricht die Perser mit schwarzer Zeichnung auf braun-rötlichem Grund ("braungestromt" rechts unten sowie Jungtier oben rechts außen). Beim Jungtier erscheint das Braun zunächst hell-beige, dunkelt jedoch bis zur Reife nach. Auch bei der rotgestromten Perser (oben) dauert die Farbentwicklung lange. Ihre Gesamtfärbung besteht in einem warmen, satten Rot mit klar abgesetzter dunkler Zeichnung. Oft ist es schwierig, wirklich gestromte Kätzchen von denen zu unterscheiden, die noch starke Geisterstreifen zeigen, bis sie einmal rote Perser werden (S. 18).
Die "verdünnten" Farben beider Varietäten sind Blaugestromt (Bluetabby) und Cremegestromt ("hot-cream", s. S. 18). Aus der bereits um 1900 anerkannten Bluetabby entwickelte sich die blaue Perser. Die Bluetabby gibt es heute nur vereinzelt, da sie inzwischen ihre Anerkennung verlor. Ihre blaue Zeichnung auf bläulich-cremefarbenem Grund führt bei der Geburt häufig zu Verwechslung mit Blaucreme und Bluesmoke. Perser ohne Ticking, darunter auch Schildpatt, Blauschildpatt, Blaucreme, sollte man möglichst nicht mit gestromten Persern paaren.

Perser Silbergestromt (Silvertabby)
Die schwarz umrandeten Augen der idealen silbergestromten Perser (rechts oben) sind tiefgrün. So wünscht es der Standard, und darin unterscheidet sie sich von allen bisher beschriebenen Varietäten. Die lackschwarze, klar abgegrenzte, klassische Tabby-Zeichnung des seidiglangen Haarkleides bildet einen kräftigen Kontrast zur hell-silbernen Gesamtfärbung. Wie bei allen gestromten Persern sollte das Haar am Körper anliegend gekämmt und nur die Halskrause locker nach vorn gebürstet werden.
Eine in Amerika gezüchtete Varietät der Silbergestromten ist die tiefrot gezeichnete *Cameo Tabby.* Ihre Grundfärbung soll jedoch ein gelblich getöntes Weiß sein und ihre Augenfarbe leuchtendes Kupfer!
So erschwert tatsächlich in erster Linie die grüne Augenfärbung die Zucht der Silvertabby. Diese Schwierigkeit bewirkt, daß ihr Typ nicht immer hervorragend ist, und daß sie trotz ihrer auffallenden Schönheit auf Ausstellungen nur selten bewundert werden kann. Sobald z.B. aus Black Smoke und Braungestromt eine schöne Silbergestromte gezüchtet worden ist, wird die Paarung mit guten, tiefgrünäugigen Chinchilla erforderlich, um dem Nachwuchs zu grünen Augen zu verhelfen. Danach sollten die Silvertabby stets nur wieder mit Angehörigen der gleichen Varietät gepaart werden. Nachkommen aus Silvertabby und einfarbigen Persern lassen sich farblich häufig keiner bestimmten Kategorie zuordnen. Die Vervollkommnung und Verfeinerung der Silvertabby hängt demnach ganz von sorgfältiger Auslese innerhalb dieses Farbschlages selbst ab, denn sie sollte in jeder Hinsicht völlig dem für Perser gültigen Standard-Ideal entsprechen. Dabei erscheint sie häufig leichter und zierlicher als die meisten anderen gestromten Perser, deren Körperbau oft sehr massiv und kräftig ist.

Perser Chinchilla, Perser Silvershaded
Die Chinchilla Perser (rechts unten) gilt als eine der schönsten Varietäten dieser Rasse. Ihr Unterfell ist reinweiß. Die Spitzen der Haare auf Rücken, Kopf, den Körperseiten und dem buschigen Schwanz sind schwarz "getickt", so daß der charakteristische Eindruck funkelnden Silbers entsteht. Auch die Beine können durch schwarze Haarspitzen leicht dunkel schattiert erscheinen. Das Kinn, die langen Haarbüschel, welche aus den winzigen Ohren schauen, Bauch und Brust sollen dagegen reinsilberweiß sein. Die Ränder der grünen oder blaugrünen Augen, der ziegelroten Stupsnase sowie Lippen und Fußballen sind schwarz. Eine gut durchgezüchtete Chinchilla soll möglichst diesem Standard-Ideal entsprechen.
Die Chinchilla ist ursprünglich aus Silvertabby hervorgegangen. An Jungtieren läßt sich noch eine Zeitlang diese Herkunft erkennen, denn sie zeigen an Beinen, Körper und Schwanz zunächst deutliche Tabby-Zeichnung, welche aber mit zunehmendem Fellwachstum wieder verschwindet. Eine andere interessante Beobachtung ist, daß das schwarze Ticking des Haarkleides unter längerer Sonneneinwirkung ausbleichen kann. Erst im Winter erlangt das Haar mit zunehmender Dichte seine ursprüngliche Färbung zurück.
Neben der Chinchilla mit schwarzen Haarspitzen gibt es die "Blue Chinchilla", die infolge hellerer Tönung außerordentlich zart erscheint. Die dunkler wirkende Silvershaded (Silberschattierte Perser) war bereits zu Anfang dieses Jahrhunderts bekannt. Auch ihre Augenfarbe ist im Idealfall meergrün, die Augen sind schwarz umrandet.
Als Partner für Chinchilla und Silvershaded kommen zur Zucht am besten nur wiederum diese gleichen Farben in Frage, denn es wäre bedauerlich, die aparte grüne Augenfarbe einzubüßen. ("Rote Chinchilla" sind unter "Cameo" beschrieben).

Perser Colourpoint
Seit Jahrzehnten wurden Perserkatzen mit der Maskenzeichnung von Siamesen (rechts oben: Colourpoint Sealpoint) zunächst unter dem Namen "Khmer" gezüchtet. Eine planmäßige Zucht setzte etwa um 1940 in England ein. Die Grundlage bildeten blaue Perser und Sealpoint-Siamesen. Daraus gingen zunächst schwarze Kurzhaarkatzen hervor, aus denen eine sorgfältige Weiterzucht erfolgte. Im Jahre 1956 waren die züchterischen Voraussetzungen (vier Generationen in Reinzucht) geschaffen, um für diese neue Varietät die Anerkennung zu beantragen. Allerdings wiesen die Colourpoint der damaligen Zeit noch nicht die Merkmale auf, die eine "moderne" Perser heute auszeichnet. Ihr Fell war bei weitem nicht so lang und dicht wie heute. Der Schwanz zeigte häufig noch die spitz zulaufende Form des Siamesen-Schwanzes. Der gesamte Körperbau war noch nicht kurz und gedrungen genug, und besonders die Kopfform ließ im Typ noch Wünsche offen. Da aber die Perser allgemein vom jetzigen Standard-Ideal ebenfalls noch weit entfernt war, wurde die Colourpoint offiziell anerkannt. Inzwischen sind fast zwanzig Jahre vergangen und man sollte meinen, daß die Colourpoint längst als vollwertige Perser gilt. Leider ist dies durchaus nicht überall der Fall. Die Meinung, es sei besser, diese Zucht gesondert zu betreiben, bewirkte in den vergangenen Jahren, daß notwendige ständige Paarung mit typvollen und — zur Vertiefung der blauen Augenfärbung — zugleich mit kräftig pigmentierten Augen versehenen Persern häufig unterblieben. So begannen die Züchter erst vor wenigen Jahren, Versäumtes nachzuholen.
Heute sind die meisten Colourpoint im Typ mit der Perser identisch — andererseits gibt es jetzt viele einfarbige Perser, die durch sie den "Maskenfaktor" in ihrem Erbbild tragen. Colourpoint sind häufig etwas temperamentvoller als die übrigen Perser, verfügen aber wie diese über eine zarte, leise Stimme. Sie werden in sämtlichen, auch bei Siamesen bekannten Farben, neuerdings auch als Tabbypoint, gezüchtet. In Amerika sind sie unter dem romantischen Namen *Himalayan* bekannt.

Perser Braun, Perser Lila
Schön und selten sind die aus den Colourpoint herausgezüchteten, einfarbig braunen ("Self-Chocolate" rechts unten) und zart lila getönten ("Self-Lilac") Perser. Auch sie entsprechen in jeder Hinsicht dem Typ aller anderen Perser-Varietäten. Ihr massiver, gedrungener Körper steht auf stämmigen Beinen, der Kopf ist breit und rund mit weit auseinanderstehenden, kleinen Ohren, einem kurzen Gesicht und kurzer Nase. Die großen, runden Augen sind zumeist orangefarben. Sie besitzt einen buschigen, breiten Schwanz und ein leicht zu pflegendes, seidiges Haarkleid.
Obwohl diese beiden Perser-Farbschläge schon seit einigen Jahren bekannt sind (sie wurden erstmalig 1971 von Mrs. Manton in ihrem Buch "Colourpoint and Himalayan Cats" beschrieben und gezeigt), obwohl sie bereits auf Ausstellungen in Konkurrenz mit den anderen Persern erfolgreich waren, bestehen gegen ihre offizielle Anerkennung noch immer Bedenken, welche jedoch bei dieser von Anbeginn sorgfältig geplanten und durchgeführten Zucht sicherlich bald als unbegründet ausgeräumt werden können.
Wie die Colourpoint, aus denen sie hervorgingen, sind beide Farbschläge im Wesen anhänglich und verträglich. Selbst zwei erwachsene Kater sollen sich in enger Gemeinschaft miteinander vertragen und rührende Freundschaft schließen. Dies läßt sich bei Katzen im allgemeinen äußerst selten beobachten.

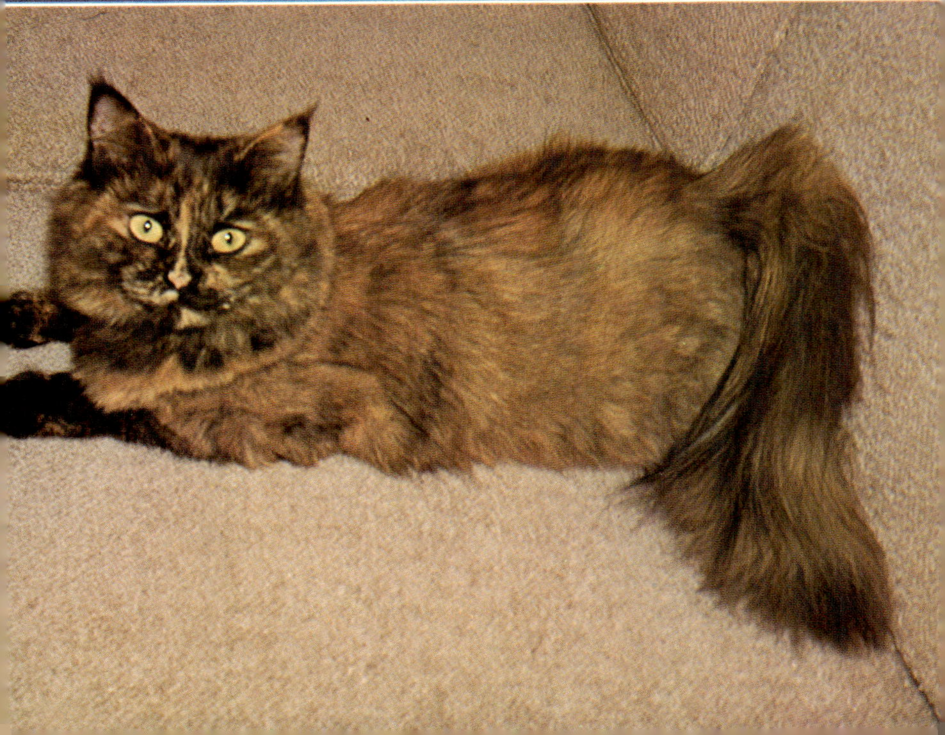

Perser Cameo

Sowohl rote als auch cremefarbene Cameo werden in den gleichen Schattierungen gezüchtet wie "Silber". Seit 1954 sind sie in den USA bekannt, erlangten jedoch — trotz ihrer Schönheit — in Europa erst 1974 ihre Anerkennung. Die Grundlagen für ihre Zucht bildeten in erster Linie Smoke und rote Perser.
Die *Shell Cameo* (rote Chinchilla) ist im Erbbild mit der Chinchilla identisch, doch sind bei ihr die äußersten Haarspitzen nicht schwarz, sondern rötlich-haselnußfarben getönt, so daß über ihrem gesamten Haarkleid ein rosa Schimmer zu liegen scheint. Bei den Cameo Persern ist der Haargrund nicht silberweiß wie bei Chinchilla oder Black Smoke, sondern hell elfenbeinfarben. Die Haare der *Shaded Cameo* (rot schattiert) weisen eine länger pigmentierte Spitze auf. Sie erscheinen daher kräftiger und kontrastreicher gefärbt (rechts oben: Shell und Shaded Cameo). Die *Cameo Tabby* (rote Silbergestromte) bildet das Gegenstück zur Silvertabby, während es neben der Cameo Smoke mit haselnußfarbenen Haarspitzen eine orangerote "Red Smoke" als echte Variante der Perser Smoke gibt (Seite 22); feine Unterschiede, die nur der Kenner zu treffen vermag!
Fußballen und Nasenspiegel aller Cameo Perser sind rosenrot, die kupferfarbenen, leuchtenden Augen rosa umrandet. Eine volle Halskrause und lange Ohrbüschel sollten, wie der Fellgrund, sahnig-weiß getönt sein. Der Gesamteindruck der cremefarbenen Cameo ist entsprechend zarter und spielt leicht ins Gelbliche.
Cameo dürfen möglichst nur untereinander gepaart werden, um ihre Zucht zu fördern.

Goldene Perser

Die Zucht der amerikanischen "Golden Persian" ist ebenfalls eng mit "Silber" verknüpft. Ausgangsbasis für die zimt- bis beigefarbene Grundtönung ihres Haarkleides, dessen Spitzen ähnlich wie bei der Silberperser sealbraun bis schwarz sind, war ein bei den frühen Silbergestromten häufig im Gesicht auftretendes, doch unerwünschtes Braunbeige, welches zuweilen auch bei Nachkommen zweier nicht reinerbiger Silvertabby gefunden werden kann. Durch Auslese gelang es, diese Farbe herauszuzüchten. Goldene Chinchilla, -Shaded, -Tabby und -Smoke wurden bereits auf Ausstellungen in Amerika vorgestellt. Ihre Augen sind smaragdgrün oder aquamarinfarben, die Augenränder und der rote Nasenspiegel schwarz oder sealbraun umrandet. Ohrbüschel und Halskrause sind hellcreme bis beige.
Gold sollte niemals mit Silber, sondern stets nur wieder mit Gold gepaart werden.

Perser Peke-face

In Amerika werden neben den bekannten Perser-Varietäten auch solche Langhaarkatzen systematisch gezüchtet, die im Typ vom Perser-Standard abweichen. So entspricht die rote oder rotgestromte Peke-face (rechts unten) im Körperbau zwar noch völlig dem alten Perser-Ideal, doch ihr Gesicht zeigt auffallende Ähnlichkeit mit dem des Peking-Palasthundes. Die großen, runden, kupferfarbenen Augen dieser Varietät treten stark und dominierend hervor. Sie stehen weit auseinander. Der Nasenrücken ist tief gesattelt und so stark zurückgedrängt, daß der Nasenspiegel nach oben zeigt und fast zwischen den Augen liegt. Tiefe Hautfalten durchziehen die vollen Wangen. Die Peke-face ist somit der extreme "Super-Typ", dem manche Perser auf unseren europäischen Ausstellungen ähnelt, der jedoch wegen seiner Nachteile, die er für die Katze selbst mit sich bringen kann, keineswegs erwünscht ist.

Lang- und Halblanghaar

Türkische Angora, Main Coon, Somali, Cymric

Die Grenze zwischen Lang- und Halblanghaar läßt sich häufig schwer ziehen, da selbst innerhalb der gleichen Rasse Haarlänge und -beschaffenheit, auch jahreszeitlich bedingt, variieren können.
Die harmonische, langgestreckte Türkische Angora oder — in Weiß — *Ankara*-Katze, die eigentliche "Urform" unserer Perser, gehört trotz der besonders auf dem Rücken spärlichen Unterwolle mit ihrem langen, seidig fließenden Haar zu den Langhaarkatzen. Ihr dicht behaarter Schwanz ist länger als der der Perser, ihre Stirn ist abgeschrägt, die Nase gerade. Das Gesicht wirkt kurz und stumpf. Der Türkischen Angora entsprach früher die *Deutsch Langhaar*, welche ebenfalls in allen Perserfarben, zu denen die Augenfarbe harmonieren sollte, gezüchtet wurde.
Die Zucht der aus dem Staate Main stammenden Coon-Katze (racoon = Bär) ist über hundert Jahre alt (rechts oben). Sie entwickelte sich aus der frühen Angora, wahrscheinlich unter Einkreuzung getigerter Hauskatzen, denn sie war zunächst hauptsächlich als Tabby bekannt. Ihre Verwandtschaft mit der Türkischen Angora ist unverkennbar, wenn auch ihre Kopfform dreieckiger und länger erscheint und ihre spitzen Ohren größer sind. Der Main Coon ähnelt die *Norsk Skaukatt* oder norwegische Waldkatze, die bevorzugt als Bicolor gezüchtet wird. All diese beschriebenen Rassen sind zwar in Amerika, nicht jedoch in Europa anerkannt.
Die jüngsten Langhaar-Rassen Amerikas sind die Somali, welche der Abessinier entstammt, und die schwanzlose, seidig behaarte Cymric. Beide Rassen ähneln in Typ und Körperbau ihren kurzhaarigen Vorfahren, aus denen sie angeblich durch spontane Mutation hervorgegangen sein sollen. Die Cymric wird, wie die Manx, farblich in allen Spielarten mit dazu passender Augenfarbe gezüchtet.

Türkische (Van) Katze

Die berühmte "schwimmende Katze" gibt es in England seit 1955, in Deutschland etwas später. Ihr Entdecker fand sie so außergewöhnlich intelligent und liebenswert, daß er beschloß, an ihrer Geburtsstätte am Van-See in der Osttürkei weitere, nicht miteinander verwandte Paare für die Zucht zu erwerben. Die Katzen, die er mitbrachte, machten wiederum ihrem Ruf alle Ehre: Sie spielten gern mit Wasser und hatten selbst gegen ein gelegentliches Bad nichts einzuwenden!
Das Äußere der Türkischen Katze ist ungewöhnlich. Sie besitzt ein kreideweißes, halblang bis langes, seidiges Fell ohne Unterwolle mit kastanienbraunen Flecken auf Kopf und Schwanz. In ihrer Jugend ist der Schwanz noch hellbraun beringt. Ihre Augen sind groß, rund und hell bernsteinfarben. Die Nase, das Innere der Ohren und die Fußballen sind muschelrosa. In England ist sie seit 1969 offiziell anerkannt (rechts unten).

Ragdoll

Siamesen in allen klassischen Abzeichenfarben (Seal, Blue, Chocolate und Lilac) sowie Perser bildeten die Grundlage dieser noch jungen Zuchtrasse Amerikas. Im Typ erinnert sie ein wenig an die Birma. Auch sie besitzt vier reinweiße Pfötchen, wenn diese auch ausgedehnter und nicht so korrekt abgesetzt gezeichnet sind. Diese Eigenart kann sowohl von Hauskatzen übernommen als auch mit Hilfe von Perser Bicolor eingezüchtet worden sein. Das Fell der Ragdoll ist halblang und dicht. Es läßt sich leicht pflegen, haart kaum und filzt nicht. Ihr Schwanz ist verhältnismäßig lang und buschig. Die Ragdoll erscheint besonders groß, langgestreckt und kräftig. Ihr Mindestgewicht soll bei über zehn Pfund liegen! Sie gilt als extrem friedfertig und verspielt.

Balinese

Das Haar der eleganten Balinese oder Bali-Katze sollte seidig fließend und mindestens 5 cm lang sein. So wünscht es der amerikanische (CFA) Standard. Da dieses halblange Haarkleid im Vergleich zu dem der Perser nur spärlich verlängerte Unterwolle besitzt, gestaltet sich seine Pflege problemlos. Mit seinem langen Haar wirkt der breite Schwanz wie ein Federbusch, ist jedoch in seiner Knochenstruktur lang und zugespitzt wie der Peitschenschwanz der Siamesen. Denn die Vorfahren dieser aparten Rasse entstammen nicht — wie ihr klangvoller Name vermuten läßt — fernen Südseeregionen, sondern erblickten völlig unerwartet und ohne züchterisch beabsichtigte Langhaareinkreuzung inmitten eines Nestchens kurzhaariger amerikanischer Siamesen das Licht der Welt. Es ist natürlich denkbar, daß ein Langhaareinschlag schon Jahre zurücklag — wie auch vielleicht bei Somali und Cymric (Seite 32) — und erst jetzt, bei der Paarung von zwei gleich veranlagten Siamesen, zum Ausdruck kommen konnte. Denn um einen idealen modernen Siamtyp zu schaffen, bedarf es nach Kreuzungen zwischen Langhaar und Siamesen mehrerer Generationen sorgfältiger züchterischer Auslese. Der Körperbau der Balinese ist zart und langgestreckt mit hohen, schlanken Beinen. Ihr zierlicher Kopf mit der langen, geraden Nase bildet von vorn gesehen einen länglichen Keil. Die tiefblauen Augen sind mandelförmig, die Ohren groß und am Grunde weit offen.
Noch nicht immer entsprechen Balinesen allen Anforderungen des Standards. Häufig erinnern sie an den schweren Typ früherer Siamesen. Sie alle werden allein in den vier klassischen Siam-Abzeichenfarben gezüchtet (rechts oben Balinese Bluepoint). Durch diese Einschränkung soll der Nimbus einer "natürlichen" Zucht möglichst gewahrt bleiben.

Birma

Das geheimnisvolle, rätselhaft-verständige Gebaren unserer Katzen verleitet uns, sie mit entsprechend klangvollen und mystischen Namen zu bedenken. Die "Heilige Birma" (rechts unten als Bluepoint), in England "Sacred Cat of Burma" genannt, ist ein treffendes Beispiel dafür. Nach dem ersten Weltkrieg tauchte diese Siam-Perser-Züchtung, aus Frankreich kommend, bei uns auf und gewann rasch Freunde. Es heißt, ein französischer Indien-Forscher habe die Birma heimlich aus ihrer Heimat entführt, wo sie als Tempelkatze gehalten werde. Historisch ließ sich diese Herkunft allerdings nie belegen.
Die Birma besitzt halblanges, goldfarbenes Haar mit schöner, voller Halskrause, das leicht zu pflegen ist. Ihr langer, stämmiger Körper steht auf niedrigen, kräftigen Beinen. Sie zeigt die gleiche Zeichnung wie die Colourpoint, doch ist ihre Kopfform schlanker, die Nase gestreckter, und die Ohren sind groß und offen. Sie wird nur in den Farben Sealpoint, mit schwarzbraunen Abzeichen und tiefblauen Augen, sowie Bluepoint, mit silberblauen Abzeichen und chinablauen Augen, gezüchtet. Die Zucht anderer Farbschläge ist nicht erwünscht, da man diese nicht als Nachfahren der "Original-Tempelkatzen" zu akzeptieren bereit wäre. Das besondere Kennzeichen der Birma sind vier reinweiße Pfötchen mit rosa Fußballen. Auf der Oberseite der Vorderpfötchen sollen gerade die Zehen mit Weiß bedeckt sein, während Weiß an der Rückseite der Hinterpfötchen außerdem völlig gleichmäßig bis an die Fußgelenke reichen soll; ein Wunsch, der schwer zu erfüllen ist, da sich der zugrundeliegende Erbfaktor für weiße Scheckung sehr eigenwillig auszudrücken pflegt. Trotzdem kann man auf Ausstellungen das Glück haben, ganz wunschgemäß gezeichnete Champions oder Internationale Champions dieser seltenen Rasse zu sehen.

Rex, Sphynx, American Wirehair

Das Fell der Katzen besteht normalerweise aus gleichmäßig verteilten, kräftigen Deckhaaren, die sich aus nur vereinzelt vorhandenen, straffen Leit- und geschmeidigen Grannenhaaren zusammensetzen. Wärmende Woll- oder Daunenhaare bilden den Felluntergrund. Meist stehen diese Haararten in harmonischem Verhältnis zueinander. Es gibt aber erbmäßig bedingte Veränderungen mit nur bestimmten Haarsorten, die zudem Struktur-Abweichungen zeigen.

So sind bei der American Wirehair (Drahthaar), die typmäßig und in den gezüchteten Farben der American Shorthair entspricht, die Grannen- und Leithaare gekräuselt, so daß sich das dichte Fell fest und hart anfaßt. Eine andere Mutation, die zuweilen aus Rex hervorgeht, bewirkt, daß bis auf einen spärlichen Flaum aus kurzen Wollhaaren der gesamte Körper nackt erscheint (Nacktkatze, Sphynx). Sie kann nach dem amerikanischen Standard in Einfarbig oder Bicolor gezüchtet werden. Auffallend ist bei ihr die auch im Gesicht faltige Haut, die ihr ein recht unglückliches Aussehen verleiht.

Eine weitere Erbveränderung des Haarkleides ist die Rex-Mutation. Der Begriff stammt aus der Kaninchenzucht und bedeutet dort neben einer zarten und etwas anfälligen Konstitution das völlige Fehlen von Grannen- und Leithaaren und die Ausbildung eines glatten, weichen, extrem kurzen Samtfelles. In der Rassekatzenzucht kennen wir diese Mutation bisher in zwei Formen, die erbmäßig nicht verwandt sind, jedoch fast gleichzeitig (um 1950) entdeckt wurden: *Cornish Rex* (Gen 1) und *Devon Rex* (Gen 2). Die Cornish Rex (rechts unten) und die in Deutschland gefundene *German Rex* (rechts oben) sind genetisch identisch mit der amerikanischen *Californian Rex*. Ihnen allen fehlen die Leithaare, während Grannenhaare spärlich und unterschiedlich auf dem Körper verteilt sind. Die mehr oder weniger gelockten und gewellten kurzen Wollhaare sind dicht und samten; Augenbrauen und Schnurrhaare erwachsener Tiere sind gelockt. Diese Katzen sind hochbeinig, ausgesprochen schlank und grazil mit langem, dünnem Schwanz, der am Ende elegant gebogen getragen wird. Ihr Kopf ist schmal und langgestreckt, die Ohren sind hoch angesetzt. Das Profil der Cornish Rex erscheint leicht geschwungen. Die German Rex wirkt dagegen noch nicht ganz so "perfektioniert", wenn sie auch im wesentlichen mit dieser Beschreibung übereinstimmt. Ihr Fell ist dichter und entweder gewellt, gelockt oder glatt.

Im etwas härteren Haar der Devon Rex finden sich neben zahlreichen kurzen, feinen Wollhaaren eine Menge verkümmerter, umgebildeter Grannen- und Leithaare. Früher wurden viele Devon-Rex meist, jahreszeitlich bedingt, teilweise kahl. Doch nach konsequenter Zucht, auch nach Einkreuzung von Cornish Rex, erscheinen sie heute ebenso gleichmäßig gelockt wie diese. Augenbrauen und Schnurrhaare sind bei der Devon Rex wenig ausgeprägt. Ihr schlanker Körper erscheint muskulös und kräftig, der Schwanz wie bei den Siamesen lang und zugespitzt. Von vorn gesehen bildet der Kopf einen kurzen Keil mit tief angesetzten Riesenohren, die oben gerundet sind. Im Profil zeigt die Nase einen leichten Absatz. Das Wesen aller Rex ist freundlich; sie sind intelligent, sanft und anschmiegsam. Ihre zarten Stimmchen klingen leise und unaufdringlich. Sie werden in sämtlichen denkbaren Farben gezüchtet, zu denen die Augenfarbe harmonieren soll. Rex mit Siam-Maskenzeichnung heißen *Si Rex*.

Die neueste Rex-Mutation ist eine kürzlich in England entdeckte, gelockte Langhaarkatze.

Kurzhaar, schwere Form

Hauskatze

Obwohl unsere seit jeher geschätzte und geliebte Hauskatze (rechts oben und Mitte) zu unserem engeren Lebensbereich gehört, versäumte man es, sie in den "Kreis der Edlen" aufzunehmen. Jahrhundertelang war sie gezwungen gewesen, selbständig ihre Art zu erhalten. Dies führte zu einer natürlichen Auslese, bei der nicht äußerliche Farbmerkmale, sondern solche Eigenschaften den Ausschlag gaben, die für ein Überleben die besten Aussichten boten. Ihr gesamter Körper ist zweckmäßig auf ein hartes Leben eingestellt. Der Kopf ist rundlich, mit breitem Schädel und gut funktionierenden Sinnen: mit scharfen, anpassungsfähigen Augen, einer nicht zu kurzen, leistungsfähigen Nase und mittelgroßen, geräuschempfindlichen Ohren. Die kräftigen Kauwerkzeuge befähigen sie, Beute schnell und schmerzlos zu töten. Dazu kommen beim Kater mächtige Backen, deren Muskeln es ihm gestatten, die Kätzin bei der Paarung kraftvoll zu packen und zu halten. Die Gestalt ist stämmig, doch geschmeidig, der Brustkorb gut entwickelt, die muskulösen Beine sind fähig, weite, hohe Sprünge auszuführen. Die festen Pfötchen taugen zum Klettern und Fangen, und das straffe, dichte Fell, das bei jeder Witterung Schutz bietet, bedeckt gleichmäßig den Körper und den mittellangen, im Ansatz massiven Schwanz.
In ihrem Äußeren entspricht unsere Hauskatze so vollkommen dem Standard der in den USA gezüchteten *American Shorthair,* daß deutlich der gemeinsame Ursprung beider zu erkennen ist. Wahrscheinlich traten einst Vorfahren unserer Hauskatze als Schiffskatzen den Weg nach Übersee an. Heute wird sie dort in den gleichen Farben gezüchtet wie die Perser, während sich unsere hiesige Hauskatze weiterhin nach eigenem Ermessen fortpflanzt. Sie bringt daher eine Vielfalt an Farben und Fellmustern hervor, die keine der durch Menschenhand geschaffenen und gelenkten Züchtungen aufweisen kann. Für manche unserer bekannten Katzenrassen bildete sie die entscheidende Zuchtgrundlage, der oft ihr Fortbestehen zu verdanken ist.

Europäisch Kurzhaar Weiß

Die Europäisch Kurzhaar, in England *British Shorthair* genannt, wird ebenfalls in den gleichen Farbschlägen wie die Perser gezüchtet. Hauskatzen und Perser verhalfen dieser Rasse zur idealen Ausprägung von Augenfarbe, Typ und Fellqualität. Ähnlich wie sie entwickelte sich in Amerika aus den *American Shorthair* und den Persern die *Exotic Shorthair,* deren Standard dem der Europäisch Kurzhaar entspricht.
Die weiße Europäisch Kurzhaar (rechts unten) ist stämmig und gedrungen. Sie besitzt einen massiven, breiten Kopf mit runden, vollen Wangen und einer kurzen Nase. Der Nasenspiegel ist rosa. Ihr Kinn ist fest und gut entwickelt. Die an ihren Enden gerundeten Ohren stehen recht weit auseinander und sind tief am Kopf angesetzt. Der Rücken verläuft waagrecht. Der niedrig getragene, am Ansatz dicke, zugespitzte Schwanz sollte gut zur Körpergröße passen. Ihre Beine sind kurz und kräftig und haben runde Pfötchen. Das seidenweiche Fell der weißen Europäischen Kurzhaar darf nicht gelblich erscheinen. Schwarze Stichelhaare verschwinden meist bis zur Reife wieder. Ein großer Teil der Katzen mit möglichst saphirblauen Augen sowie der "Odd-eyed", die ein blaues und ein orange- oder kupferfarbenes Auge besitzen, ist von Geburt an taub. Es wurde beobachtet, daß sie — wahrscheinlich um die Geräuschvibrationen ihrer Umwelt besser wahrnehmen zu können — ihren Kopf flach zwischen ihren Vorderpfötchen auf den Boden legen. Die Augen der dritten weißen Varietät werden kupfer- oder orangefarben gewünscht. Weiße British Shorthair mit blauen Augen sind selbst in England selten. Häufiger wird Weiß mit orangefarbenen Augen gezüchtet.

Europäisch Kurzhaar Schwarz
Der schwarzen Europäisch Kurzhaar (rechts oben) begegnet man auf unseren kontinentalen Ausstellungen nur vereinzelt, da sie fast ausschließlich in England gezüchtet wird. Dort gilt sie allgemein als Glücksbringerin, vielleicht als Folge davon, daß sie im Mittelalter, nach der Überlieferung, von Weisen und Zauberern als Talisman geschätzt wurde.
Mit ihren tief orange- bis kupferfarbenen Augen im pechschwarzen Gesicht und ihrem lackschwarzen, dichten Haarkleid ist das Idealbild dieser stämmigen, harmonischen Katzenpersönlichkeit eine vollendete Schönheit, welche sich im Äußeren von der zierlichen, schlanken Orientalisch Kurzhaar gleicher Farbe (Ebony, s.S. 62) grundlegend unterscheidet.
Das volle Haar dieser Varietät soll, wie das aller schwarzen Rassekatzen, bis zum Grunde tiefschwarz sein. Es darf weder graue oder rostige Schattierungen, noch weiße Stichelhaare oder Flecken aufweisen. Am schönsten ist auch bei ihr die Färbung dann, wenn sich blaue Vorfahren unter den Ahnen befinden.
Schwarz trat wahrscheinlich als eine der ersten Mutationen der wildfarbenen Katze bei ihrer Entwicklung zum Haustier auf. Die Erbanlage des Ticking ging zwar dabei verloren, doch die Anlage zur Tabby-Zeichnung blieb erhalten. So ist es zu erklären, daß bei hellem Sonnenlicht im Fell schwarzer Katzen häufig eine deutliche Geisterzeichnung entdeckt werden kann, die normalerweise nicht sichtbar ist.

Kartäuser (British Blue)
Von Liebhabern wird die rechts unten abgebildete Europäisch Kurzhaar in Blau (Kartäuser oder British Blue) häufig als die "Aristokratin unter den Kurzhaarkatzen" bezeichnet. Eine schöne, dem Idealbild entsprechende Blaue mit dem etwas abstehenden, plüschartigen Fell, über dem ein leichter Silberschimmer liegt, und den großen kupfer- oder orange-, manchmal auch goldfarbenen Augen ist tatsächlich eine außergewöhnliche Schönheit. Blaue Kurzhaarkatzen waren schon im Altertum bekannt. Die Zucht der Kartäuser (Chartreux) wurde den französischen Kartäuser-Mönchen zugeschrieben, welche die ersten blauen Katzen dieser Art aus Afrika mitgebracht haben sollen. Die aus Frankreich stammenden Linien wiesen zunächst noch gewisse Typunterschiede zu den seit Anfang dieses Jahrhunderts auf britischen Katzenausstellungen gezeigten British Shorthair auf. Doch eine Vermischung beider Typen sowie gelegentliche Perser-Einkreuzungen auf beiden Seiten ließen diese Unterschiede allmählich verschwinden, so daß sie sich heute auf Ausstellungen in der gleichen Klasse befinden und nach einem gemeinsamen Standard begutachtet werden.
Die Fellfärbung der erwachsenen Kartäuser oder British Blue soll völlig gleichmäßig sein. Das Haarkleid darf weder Schattierungen oder Tabby-Zeichnung noch weiße Haare aufweisen. Nur Jungtiere zeigen manchmal eine leichte Geisterzeichnung, die mit zunehmendem Alter wieder verloren geht. Der große Kopf der erwachsenen Kartäuser (British Blue) ist rund und hat weit auseinanderstehende Ohren. Der meist schwere und stattliche Körper steht auf kräftigen Beinen mit runden, festen Pfötchen. Das Wesen dieser intelligenten, freundlichen Katzen ist ruhig und sehr anpassungsfähig. Ihre Stimme klingt sanft und leise, wie die aller Europäisch Kurzhaar. Kartäuser (British Blue) sind wegen all ihrer positiven Eigenschaften weltweit beliebte und bekannte Hausgenossen.

Kurzhaar, schwere Form

Europäisch Kurzhaar Creme, Blaucreme, Schildpatt

Obwohl in England die Zucht cremefarbener Kurzhaarkatzen alt ist, gehört diese Varietät heute überall zu den Seltenheiten. Die Züchtung hellcreme gefärbter Jungtiere mit bis zu den Wurzeln durchgefärbten Haaren, ohne jede rötliche ("hot-cream") Schattierung, ohne Tabby-Zeichnung oder weiße Stichelhaare gelingt nur schwer.
Neben Blau und Blaucreme entstehen die besten Creme aus Paarungen einer blaucremefarbenen Kätzin mit einem blauen oder cremefarbenen Partner. Auch aus Schildpatt können gute Creme hervorgehen. Die Augenfarbe soll, neben gutem Typ, kupfer- oder orangefarben sein. Fußballen und Nasenspiegel sind rosa gefärbt. Die Grundfarbe der Blauschildpatt, die in der gleichen Weise wie Creme gezüchtet wird, ist blau mit gut abgesetzten, kräftigen, cremefarbenen Flecken. Diese Varietät wird nur in Amerika anerkannt. Doch wie bei der Perser kennt man daneben die Blaucreme (rechts), in deren Fell blaue und cremefarbene Haare so eng nebeneinander wachsen, daß ein zarter Blaucreme-Schimmer über dem gesamten Haarkleid zu liegen scheint. Diese Färbung entspricht dem europäischen Standard-Ideal. Bei der Schildpatt dagegen werden Schwarz, Rot und Creme wiederum gut voneinander abgegrenzt gewünscht. Auch Beine, Füße, Schwanz und Ohren sollen gefleckt sein. Eine möglichst zur Hälfte rote, zur anderen Hälfte cremefarbene Blesse auf der Nase ist erwünscht. Sehr dunkle Jungtiere scheinen sich häufig zu den am schönsten gezeichneten Schildpatt-Kätzinnen zu entwickeln. (Außer Creme sind alle hier besprochenen Farben stets nur bei weiblichen Tieren zu finden!) Die Zucht dieser Varietät ist eine der ältesten Englands, da sich diese Katzen durch ein gewinnendes, sanftes Wesen auszeichnen und überdies seit jeher als besonders geschickte, eifrige Mäusefängerinnen galten.

Europäisch Kurzhaar Schildpatt und Weiß, Bicolor

Die drei Farben Schwarz, Rot und Creme sind bei der rechts unten gezeigten Schildpatt und Weiß ohne jede Streifung gut auf dem Körper verteilt. Sie bedecken den ganzen Rücken und setzen sich klar vom Weiß, das vorherrschen sollte, ab. Um diese gewünschte Ausbildung der Farbverteilung zu erzielen, werden in England gern einfarbige Katzen für die Zucht herangezogen. (Die "Blauschildpatt und Weiß" fand bisher nur in der Perser-Zucht Anerkennung). Die Calico (s.S. 22) hingegen zeigt lediglich rote und schwarze, gut verteilte und deutlich vom Weiß getrennte Flecken.
Alle diese Varietäten sind stets weiblich. Zweifarbige Katzen, Bicolor, kannte man in England bereits zu Ende des 19. Jh. Sie erhielten jedoch erst vor wenigen Jahren eine eigene Farbnummer. Meist werden sie in Schwarz mit Weiß gezüchtet, seltener in Blau, Rot oder Creme mit Weiß. Dabei sollte der Weiß-Anteil ebenso groß sein wie derjenige der farbigen Zonen. Die Färbung des Rückens reicht meist bis hinter die Schultern und ist gleichmäßig verteilt wie beim Holländer-Kaninchen, bei dem eine weiße Blesse auf der Nase das Gesicht in zwei gleiche Hälften teilt. Brust und Vorderbeine der Bicolor bleiben weiß. Die großen, runden Augen aller zweifarbigen Katzen sind kupfer-, orange- oder bernsteinfarben.
Zwei weitere Formen gescheckter Katzen kennt man in Amerika. Es sind der *Chinese Harlequin* und die *Mi-ke.* Die Harlekinkatze stammt vermutlich aus Ostasien. Ihr Typ gleicht dem der American Shorthair. Das reinweiße Haarkleid weist nur auf Kopf und Rücken vereinzelte runde Flecken in Schwarz, Rot oder Schildpatt auf. Der Schwanz ist ganz oder nur teilweise pigmentiert. Die dreifarbige Mi-ke gehört in die Zucht der stummelschwänzigen Japanese Bobtail (s.S. 48) und wird im amerikanischen Standard gemeinsam mit ihr beschrieben.

Europäisch Kurzhaar getigert, getupft, gestromt

Es gibt viele Menschen, die Kurzhaarkatzen mit schönem Zeichnungsmuster deshalb bevorzugen, weil sich in ihnen nach ihrer Vorstellung das urtümlich Wildhafte des Raubtieres besonders glücklich mit dem anschmiegsamen, verständigen Wesen der "Menschenkatze" zu verbinden scheint. Nicht nur in ländlichen Gegenden genießt eine wildfarbene Katze den Ruf, eine ausgezeichnete Mäuse- oder gar Rattenfängerin zu sein. Es gab daher sogar ernsthafte Bestrebungen, einen "Kurzhaartiger" speziell dafür zu züchten. Doch auch die um ihrer Schönheit willen geschätzte Kurzhaar-Tabby hat nichts von jener nützlichen Fähigkeit eingebüßt, die im Grunde jeder gesunden Katze innewohnt.

Man unterscheidet bei der Katze mehrere verschiedene Zeichnungsmuster, die eng miteinander verwandt sind. Wahrscheinlich ergaben sich aus der ältesten Form, einer leicht verschwommenen Streifung, langsam die anderen Arten. Nur unter gleichzeitiger Anwesenheit von "Agouti" (Ticking) im Erbbild können sie zu ihrer vollen Ausprägung gelangen. Agouti ohne Zeichnungsmuster finden wir bei der Abessinier (s.S. 52). Dieses Ticking bewirkt, daß sich zwischen dem Verlauf der Zeichnungslinien und -formen hellere Zonen in sich "gebänderter" Haare finden, deren Schaft aus verschieden stark gefärbten Abschnitten besteht.

"Tigerung" oder "Mackerel Tabby" nennt man die Zeichnung, bei der breitere und schmälere Linien nebeneinander vom Rücken zur Körperunterseite verlaufen. Daneben gibt es viele Übergangsformen zur Tupfung, in England "spotted" genannt. Nachkommen aus der Verbindung von getigerten mit einfarbigen Katzen können dieses Muster aufweisen. Daher bringen zwei getupfte Katzen zuweilen einfarbigen Nachwuchs hervor. "Spots" sind in jeder Form und Farbe möglich und anerkannt. Wichtig sind bei der Bewertung klare und kräftige Kontraste.

Die "klassische" Tabby-Zeichnung wird mit "Stromung", "Räderzeichnung" oder "Blotched Tabby" bezeichnet. Sie sollte sich ebenfalls deutlich von der Grundfärbung abheben und ist bei Perser Tabby (s.S. 24) näher beschrieben. Werden zwei reinerbige Katzen mit diesem rezessivsten aller Muster miteinander gepaart, so sind die Nachkommen in der gleichen Art gezeichnet. Doch auch zwei Tigerkatzen können gestromten Nachwuchs hervorbringen.

Der Schwanz aller dieser Varianten soll deutlich beringt und seine Spitze kräftig pigmentiert sein. Den Hals zieren im Idealfall ein oder mehrere geschlossene, wie Halsbänder wirkende Ringe, und auf der Stirn hebt sich als "Mimik-Zeichnung" ein klar umrissenes "M" ab. Pigmentierte, schmale Streifen, die in den Augenwinkeln beginnen, verleihen ihrem Gesicht einen freundlichen Ausdruck.

Alle Muster werden in Schwarz ("Brown-Tabby" usw), Rot (rechts unten: Red Tabby) und Silber (rechts oben: Silver-Tabby) gezüchtet. Abgesehen vom meist etwas zierlicheren Körperbau silbergefärbter Katzen ist ihre Gestalt oft groß und stattlich und sollte in jeder Hinsicht dem Standard aller Europäisch Kurzhaar entsprechen. Die Augen der getigerten, getupften oder gestromten Silberfarbenen werden grün oder haselnußfarben, die der anderen Arten passend zur Fellfarbe gewünscht.

Europäisch Kurzhaar Smoke

Selten begegnet man bei uns der rauchfarbenen (Black Smoke) Europäisch Kurzhaar (rechts oben). Wie die Smoke-Perser gehört sie zu den Farbschlägen, die kein "Agouti" in ihrem Erbbild tragen. Ihr rundes Gesicht mit den kupfer- oder orangefarbenen, großen Augen und der kurzen, geraden Nase ist schwarz wie die Pfötchen und der gut zum Körper passende Schwanz. Doch wenn sie sich bewegt, läßt sich der silbrig-weiße Fellgrund deutlich erkennen. Die Körperunterseite wirkt ebenfalls mehr silbrig als schwarz.

Bei uns wird die Smoke noch nicht lange systematisch gezüchtet, obwohl sie ausgesprochen apart wirkt. Ihr Fell darf nicht zu kurz sein, da sonst der wundervolle, metallische "Platin-Effekt", der über dem gesamten Haarkleid zu liegen scheint, nicht voll zur Geltung gelangen kann. Sie wird mit einer silbrig-weißen "Waschbären-" oder "Harlekinzeichnung" im Gesicht geboren, aus der sich während der Reife die schwarze Gesichtsmaske entwickelt. Wenn Pfötchen und Schwanz sowie der Rücken nachzudunkeln beginnen, verliert sich auch die häufig in der Jugend stark bemerkbare Geisterzeichnung allmählich. Katzen ohne jede Streifung oder Zeichnung kennt man bisher nur in den Ländern, in denen die Zucht der Smoke bereits seit Jahrzehnten bekannt ist.

Um die Tiefe und Schönheit orange- oder kupferfarbener Augen und ein feines, weiches, etwas abstehendes Fell zu erzielen, werden in der Zucht gelegentlich Perser-Einkreuzungen vorgenommen. Der schönste Nachwuchs geht aus Paarungen zwischen Smoke und Einfarbig (Schwarz, Blau) hervor. Dabei wird die Hälfte der zu erwartenden Jungtiere in der Regel einfarbig. Paart man Smoke mit Silvertabby, so erhält man neben silbergestromten auch silbergestreifte und -getupfte Jungtiere.

Das Wesen der Smoke ist ruhig und liebenswürdig. Als echte Europäisch Kurzhaar ist sie äußerst intelligent und zeichnet sich durch eine große Anpassungsfähigkeit aus.

In Amerika gibt es daneben noch die *Red Smoke* (Cameo Smoke).

Europäisch Kurzhaar Chinchilla

Ohne jede Zeichnung, mit silbrig-weißem Fellgrund, dessen äußerste Spitzen so zart mit Schwarz "getickt" sind, daß der charakteristische Eindruck funkelnden Silbers entsteht - das ist das Idealbild der Kurzhaar-Chinchilla-Katze. Wie ihre langhaarigen Verwandten hat sie große, schwarz umrandete, tiefgrüne oder blaugrüne Augen, ein schwarz gerändertes, ziegelrotes Näschen und schwarze Fußballen. Im Typ entspricht sie entweder der British Shorthair, sofern sie in Europa gezüchtet wurde, oder einer der amerikanischen Kurzhaarrassen (American- oder Exotic- Shorthair), wenn sie aus den USA stammt und importiert wurde. Denn die seltene Chinchilla verbindet das liebenswerte Wesen ihrer Rasse mit einer solch bezaubernden Schönheit, daß sich auch bei uns Liebhaber für sie zu interessieren beginnen. Die dunklere, rechts unten abgebildete Silvershaded (Silberschattierte) wirkt durch die längeren, schwarzen Spitzen ihrer Haare ausdrucksvoller und kontrastreicher, zeigt aber sonst die gleichen Merkmale wie die Chinchilla. Beide Varietäten werden zur Zucht am besten nur untereinander gepaart, da ihre Schönheit nur auf diese Weise voll an die Nachkommen weitergegeben werden kann.

In Amerika werden neben diesen Farbschlägen mit schwarzem "Ticking" auch solche mit Rot gezüchtet. Sie entsprechen in den Merkmalen den Cameo-Persern und werden ebenfalls nur untereinander zur Zucht genommen.

Manx, Japanese Bobtail, Scottish Fold, Polydactyls

In allen Lebensbereichen, auch in der Tierzucht, fahndet der Mensch unermüdlich nach "Launen der Natur", nach Erbgutveränderungen, welche etwas ganz Besonderes, noch nie Dagewesenes hervorbringen. So galt es in den frühen Tagen der Siam-Zucht als Zeichen der "Echtheit", wenn eine Siamesin einen Knoten oder deutlichen Knick im Schwanz zeigte. Seit jedoch bekannt ist, daß damit noch weitere nachteilige Skelettveränderungen (Bekkenverengung usw.) verbunden sein können, schwand die Freude an diesem "Echtheitsmerkmal" wieder. Jedoch die *Manx* (rechts oben) wird trotz der Erkenntnis, daß es sich beim Fehlen des Schwanzes um keine völlig harmlose Mutation handelt, schon seit ihrer Entdeckung auf der Insel Man in der Irischen See vor einigen Jahrzehnten in England, Skandinavien und den USA gezüchtet. Ihre Zucht gestaltet sich schwierig, da ein Teil der Jungtiere von zwei völlig schwanzlosen Katzen ("Rumpies") bereits im Mutterleib abstirbt. Deshalb werden "Stumpies", die einen kurzen Schwanzstummel aufweisen, zur Zucht bevorzugt. Neben einer völligen Schwanzlosigkeit besitzt die ideale Manx einen extrem kurzen Körper, dessen Hinterbeine so lang sind, daß sie der Katze lediglich einen hoppelnden, kaninchenartigen Gang gestatten. Die Flanken sind aufgrund des kurzen Rükkens, der "wie eine Orange gerundet" sein soll, tief herabgezogen. Ihr Typ entspricht ganz dem der Europäisch Kurzhaar. Das offene Fell ist weich und fein und weist reiche Unterwolle auf. Es darf alle erdenklichen Farbtöne zeigen. Die Augenfarbe sollte dazu passen und im Idealfall derjenigen der Perser entsprechen. Als Langhaarzüchtung wird sie Cymric (s.S. 32) genannt.
Nicht nur auf Man gab es in der Vergangenheit Katzen mit derartigen Skelettveränderungen. Gleiche Merkmale fand man auch bei Katzen Rußlands und Ostasiens. So läßt sich auf japanischen Gemälden der letzten Jahrhunderte immer wieder die Darstellung einer Katze entdecken, die einen quastenartigen, höchstens drei Zentimeter langen Schwanz aufweist und deren reinweißes Fell mit leuchtenden, großen, runden roten oder schwarzen Flecken versehen ist. Sie wird *Japanese Bobtail* genannt und in Amerika seit einigen Jahren aus importierten japanischen Mi-ke herausgezüchtet. Ihr Typ ist leichter und gestreckter als derjenige der Europäisch Kurzhaar.
Eine weitere Mutation bezieht sich auf die veränderte Ausbildung der Ohrmuscheln. Im Jahre 1961 fand man in Schottland die erste Katze, die solche "Hängeohren" besaß. Man nannte sie daher *Scottish Fold.* Seit dieser Zeit wird sie vor allem in England und Amerika planmäßig gezüchtet, obwohl ihre Zucht nicht überall ungeteilte Anerkennung findet. Die *Hängeohrkatze* soll in ihrer Statur in jeder Hinsicht der gedrungenen British Shorthair entsprechen. Sie wird in allen bekannten Farben akzeptiert. Die großen, runden, leuchtenden Augen sollten farblich mit dem Haarkleid harmonieren.
Auf der ständigen Suche nach ungewöhnlichen Abartigkeiten bei Katzen entdeckten die Amerikaner die *Polydactyls* neu — Katzen, deren Zehenanzahl von derjenigen der Norm abweicht. Von ihnen wurde schon im vergangenen Jahrhundert berichtet. Meist verfügen sie über sechs Zehen an den Vorderpfötchen. Wenn auch die Zucht solcher Tiere umstritten ist, so wird sie in den USA doch bereits seit einigen Jahren durchgeführt. So läßt es sich erklären, weshalb z.B. der amerikanische CFA-Standard am Schluß jeder einzelnen Rasse-Beschreibung ausdrücklich vermerkt: "Fünf Zehen an den Vorderpfötchen, vier Zehen hinten". Denn Katzen mit abweichender Zehenzahl sind bei diesem Verein nicht zu Ausstellungen zugelassen.

Kurzhaar, mittelkräftige Form

Russisch Blau (Bleu Russe, Russian Blue)

In ihrer heute bei uns anerkannten Form wird die Russisch Blau (rechts oben) erst seit etwa 1965 gezüchtet. Legenden von einer geheimnisvollen Herkunft der *Archangel-Katze* aus fernen östlichen Gefilden entbehren jeder nachweisbaren Grundlage. Mit Sicherheit kann nur gesagt werden, daß blaue Kurzhaarkatzen mit Siam-Vorfahren kaum alle im Standard benannten Typmerkmale aufweisen und somit nicht als Russisch Blau bezeichnet werden können.

Zwar soll ihr Körper langgestreckt sein, auf hohen Beinen und mit schmalen, ovalen Pfötchen — jedoch der Knochenbau wird mittelkräftig gewünscht. Der lange, zugespitzte Schwanz darf keinesfalls an den Peitschenschwanz der Siamesen erinnern. Trotz des flachen Schädels und der geraden Nase soll der Kopf kurz und keilförmig erscheinen. Nase und Stirn müssen einen Winkel bilden. Von vorn gesehen erinnert das Gesicht der Russisch Blau mit den ausgeprägten Schnurrhaarkissen und den bei Katern mächtigen Katerbacken ein wenig an das der Kartäuser. Doch ihre Ohren sollen größer, offener, spitzer und "vertikal", d.h. steil aufgerichtet sein. Die Farbe der weit auseinanderliegenden, mandelförmigen Augen wird wie die der Orientalisch Kurzhaar grün gewünscht, während die zarte, feine Stimme eher derjenigen der Europäisch Kurzhaar gleicht. Ein Standard voller Gegensätze für eine durchaus harmonische und freundliche Rasse! Nur eines ist eindeutig: Das kurze, abstehende, möglichst mittelblaue Fell mit deutlichem Silberschimmer sollte infolge seiner gleich gut entwickelten Woll- und Deckhaare "doppelt" sein wie Seehundsfell. Da die Russisch Blau als Rasse und zudem als einziger Farbschlag dieser Rasse in der Zucht völlig gesondert steht, sind nur Paarungen untereinander zweckmäßig. Allein züchterisches Geschick vermag daher ihren Bestand zu sichern.

Korat

Etwa im Jahre 1960 gelangten die ersten, zur Zucht bestimmten Koratkatzen (rechts unten) unter Schwierigkeiten nach Amerika. Sie kamen direkt aus Thailand, wo sie auch heute vorwiegend in den Häusern der Reichen und Vornehmen als Glücksbringerin gehalten werden. Ihren Namen verdanken sie der Provinz, aus der sie stammen sollen. Inzwischen konnte sich die Korat in Amerika zahlreiche Freunde gewinnen, die darüber wachen, daß nur solche Katzen den Namen "Korat" führen, die unmittelbar von thailändischen Vorfahren abstammen. Ab und zu treten weitere Katzen die Reise nach Amerika an, um die amerikanische Zucht zu ergänzen. Der Typ der auf Ausstellungen gezeigten Korat weist in allen vom CFA-Standard gewünschten Merkmalen eine erstaunliche Übereinstimmung auf. Ihr mittelgroßer Körper ist schlank, doch kraftvoll, und die Beine mit den festen, ovalen Pfötchen sollen gut dazu passen. Ihr mittellanger, gut proportionierter Schwanz verjüngt sich zu einer leicht gerundeten Spitze. Von der Seite gesehen, zeigt der Kopf einen Absatz zwischen Stirn und Nasenrücken. Von vorn betrachtet, wirkt das Gesicht herzförmig. Die hoch aufgerichteten, oben gerundeten, offenen Ohren stehen weit auseinander, die Farbe der übergroßen, leuchtenden Augen ist grün mit goldenem Schimmer. Über dem gesamten, eng anliegenden blauen Haarkleid liegt eine gleichmäßige Silbertönung. Mit ihrem freundlichen, munteren Wesen erweckt die Korat einen harmonischen Gesamteindruck.

Ihre Zucht ist jedoch in Europa nicht verbreitet, vor kurzem wurde sie aber bei uns offiziell anerkannt. Im Grunde entspricht diese Rasse der blauen Orientalisch Kurzhaar. Sie unterscheidet sich in der gleichen Weise von ihr wie eine Siamesin des alten, schweren Typus von der heutigen, schlanken Siamform.

Abessinier

Als "Child of the Gods" (Kind der Götter) bezeichnete einmal der Engländer Sidney Denham die Abessinier, die wie das veredelte Urbild der altägyptischen Katzen erscheint und wahrscheinlich tatsächlich auf Falbkatzen zurückzuführen ist. Trotz langjähriger Zucht (seit Mitte des 19. Jh.) und sorgfältiger Auslese zeigt diese "Agouti-Katze reinster Prägung" als Zeichen ihrer Abkunft noch heute häufig leichte Streifung an Beinen und Hals, wenn auch das übrige, gleichmäßig getönte, dichte und feine Haarkleid sonst keinerlei Zeichnungsmuster mehr aufweist. Jedes einzelne Haar besitzt bei allen Farbschlägen eine kurze, dunkel pigmentierte Spitze und ist am Schaft heller oder dunkler getönt, so daß die Abessinier wegen dieses "Ticking" auch "Hasenkatze" genannt wird.

Die älteste Zuchtform bildet bei ihr die dem Schwarz anderer Rassen entsprechende Wildfärbung, bei uns "normal", in Amerika "Ruddy" genannt. Bei ihr sind die äußersten Haarspitzen schwarz. Zum Körper hin zeigen die einzelnen Haare im Idealfall, wie bei Brown-Tabby, ein warmes, dunkles Rotbraun.

Die rote Abessinier gibt es in zwei Erscheinungsformen: Am bekanntesten ist bei uns die Form, deren Haarspitzen wie die der Havana braun gefärbt sind, die jedoch wegen des heller rotbraun bis orange gefärbten Fellgrundes trotzdem rot erscheint (rechts oben). Die zweite Form entstand durch Einkreuzen von Rot in die Wildfärbung. Dabei gelangte man über "Schildpatt-Abessinier" zu einem Farbschlag mit wirklich roten Haarspitzen. Der warm getönte Fellgrund entspricht dem der beiden anderen Arten. Diese rote Abessinier war bei uns bisher kaum bekannt. Sie unterscheidet sich von der in Amerika *Cinamon* genannten rotbraunen Form wie Siam-Redpoint von Siam-Chocolatepoint und heißt zuweilen auch "Ginger".

Mit Hilfe des "farbverdünnenden" Blaufaktors gelang aus diesen Varietäten neben Blau (rechts unten) die Zucht cremefarbener und lilacfarbener Abessinier. Weitere Varianten bilden die Silber-Abessinier, die auf langem Zuchtweg über Chinchilla Kurz- oder Langhaar entstehen kann und eine in Amerika unter dem Namen Somali gezüchtete langhaarige Form (s.S. 32).

Bei allen beschriebenen Varietäten weisen ein "Aalstrich" auf dem Rücken und die dunkel pigmentierte Schwanzspitze sowie die Haare zwischen den Zehen und die Sohlen der Hinterbeine bis zum Gelenk die gleiche Färbung auf wie die Haarspitzen.

Die großen, leuchtenden, mandelförmig geschnittenen Augen sind grün, gelb oder haselnußfarben.

Die Abessinier ist eine harmonisch gebaute, kräftige Katze von mittelgroßem Körperbau. Ihr Kopf bildet einen ausgewogenen, leicht gerundeten Keil mit weichen Umrissen. Im Profil zeigt sich eine leichte Erhebung vom Nasenrücken zur gut geformten Stirn mit viel Breite zwischen den aufrechten, großen, weit offenen Ohren. Ihre schlanken Beine sind zartknochig und gut geformt, ihr Schwanz ist an der Wurzel dick, dabei aber ziemlich lang und spitz. Die Stimme klingt leise und unaufdringlich.

Im Umgang ist die Abessinier sanft und zutraulich, mit ausgeglichenem, gesundem Temperament. Sie entspricht im ganzen Wesen völlig der Vorstellung, die wir mit einem "Nachfahren der ägyptischen Gottheiten" verbinden.

Kurzhaar, mittelkräftige Form

Burma Braun und Blau

Im Jahre 1930 gelangte die Stamm-Mutter dieser Rasse, Wong Mau, die äußerlich wie eine dunkle Siamesin aussah, von Burma nach Amerika. Aus Paarungen mit Siamesen gingen neben hellen Siamesen dunkle Jungtiere, die ihr glichen, hervor. Heute nennt man diese Burma-Siam-Mischlinge *Tonkanesen.* Durch planmäßige Zucht auf dem Wege über Rückkreuzungen zu Wong Mau und Verbindung der Nachkommen miteinander gelang es allmählich, die ersten reinerbigen Burmakatzen, zunächst in Braun (rechts oben) herauszuzüchten. Ihre Zucht erlangte in Amerika im Jahre 1936 die Anerkennung. Um 1950 erhielt sie auch in England Rassennummer und Standard.

Die Burmesin genießt den Ruf, eine der erfindungsreichsten und intelligentesten Katzen zu sein. Mit nahezu unheimlicher Geschicklichkeit vollbringt sie es, selbst durch schmalste Öffnungen und Spalten zu entweichen. Dabei gilt sie keinesfalls als nervös oder unruhig und besitzt meist ein ausgeglichenes, sanftes Naturell.

Der Körperbau dieser Rasse ist mittelgroß, doch schwer. Ihre Knochenstruktur ist kräftig, die Muskeln sind gut entwickelt. Der gewölbte Schädel bildet einen kurzen Keil und zeigt im Profil eine Einbuchtung ("Stop") zwischen der runden Stirn und dem kurzen Nasenrücken. Die möglichst goldgelben, ausdrucksvollen Augen und die mittelgroßen, leicht nach vorn geneigten Ohren liegen weit auseinander. Das feine, glänzende, eng anliegende kurze Fell erscheint in der Jugend zunächst milchkaffeebraun. Bis zum zweiten Lebensjahr entwickelt sich allmählich ein reiches, warmes Zobelbraun — daher in Amerika "Sable Burmese" — mit fast unmerklicher hellerer Schattierung der Körperunterseite. Im Jahre 1955 trat in einem Nestchen typischer bräunlicher Jungtiere erstmalig eines mit silbrig-grauer Färbung auf. Daraus entwickelte sich die Zucht der blauen Burmesen. Sie stimmen im Typ vollkommen mit Braun überein. Nur ist es bei ihnen besonders schwierig, einwandfrei goldene Augen zu erzielen.

Burma weitere Farben, Bombay

Erst seit wenigen Jahren gibt es neben den klassischen Farben Braun und Blau bei der Burma alle auch aus der Siamzucht bekannten Farbschläge. Sowohl im Körperbau, als auch im Wesen entsprechen diese aparten Katzen völlig der Originalform. Auch sie sind schwerer, als ihre Erscheinung vermuten läßt, und reife Kater besitzen oft ausgeprägte Katerbacken. Jungtiere zeigen häufig eine leichte Tabby-Zeichnung und sind zunächst heller. Die *Chocolate-Burma* ist hell milchschokoladenbraun mit etwas dunkler gefärbter Maske und Ohren. Der Nasenspiegel ist schokoladenbraun, die Fußballen sind ziegelrosa bis chocolate. Ein blasses Taubengrau mit leichter rosa Schattierung kennzeichnet die *Lilac-Burma.* Auch bei ihr erscheinen Ohren und Maske kräftiger gefärbt. Nasenspiegel und Fußballen sind lavendelrosa. Bei der erwachsenen roten und bei der cremefarbenen Burma wird, wenn ihr sonstiges Erscheinungsbild vorzüglich ist, außer an den Seiten und am Bauch eine leichte Tabby-Zeichnung geduldet. Die Ohren beider Farbschläge sind meist wesentlich dunkler als der Rücken. Nasenspiegel und Fußballen sind rosa. Aus einer Mischung von Braun, Creme und Rot, möglichst ohne jede Streifung, besteht die Färbung der *Tortie-Burma.* Auch das Farbgemisch aus Blau und Creme der Blaucreme (rechts unten) wird ohne deutlich sichtbare Streifenzeichnung gewünscht.

In Verbindung mit American Shorthair wird in Amerika aus der Burma seit 1958 die *Bombay* gezüchtet. Sie ist auch heute noch verhältnismäßig unbekannt und zeichnet sich durch ein lackschwarzes, kurzes, anliegendes Fell und leuchtend orangefarbene Augen aus

Siam Sealpoint

Verständig, gesprächig, anschmiegsam, eigenwillig und schelmisch-verspielt ist die Sealpoint-Siamesin — in Gemeinschaft mit ihr wird der Mensch zum gefügigen Sklaven! Fühlt sie sich vernachlässigt, so verzehrt sie genüßlich Zimmerpflanzen oder stellt allerlei Unfug an, und dies alles mit scheinbarer Gelassenheit und unwiderstehlichem blauem Augenaufschlag. Doch bei besonders innigem, gegenseitigem Vertrauensverthältnis vermag sie sich dank ihrer erstaunlichen Klugheit auch leicht auf "ihren" Menschen und seine Wünsche einzustellen.
Wahrscheinlich gelangte die erste Siam Sealpoint um 1890 nach England. Man unterschied damals zwischen einem schwereren und einem leichteren Typ ("marten-face", d.h. Mardergesicht). Heute ist der Schädel aller modernen Siamesen lang und gut proportioniert. Er spitzt sich in geraden Linien von vorn und von der Seite gesehen keilförmig bis zur Nase zu. Die Ohren einer gut durchgezüchteten Siam-Sealpoint sind groß, am Grunde weit offen und hoch aufgerichtet. Die schrägen Augen zeigen ein tiefes, klares Blau und keine Anlage zum Schielen. Der Körper soll langgestreckt und muskulös sein, das kurze, feine Fell hell cremefarben mit bräunlicher Schattierung auf dem Rücken und eng am Körper anliegend. Maske, Ohren, die langen, hinten etwas erhöhten Beine und der schön zugespitzte Schwanz (ohne Knoten oder Knick!) zeigen ein dunkles, sattes Braun, fast Ebenholzschwarz in wundervollem Kontrast zum übrigen Haarkleid. Sealpoint-Siamesen (rechts innen: alter Typ; außen: "moderner" Typ) sind ausgezeichnete Zucht- und beliebte Familienkatzen. Mit etwa neun Monaten setzt bei ihnen die Geschlechtsreife ein. Kätzinnen verlagen mehrere Male im Jahr acht Tage lang lautstark und nachdrücklich nach einem Partner. Läßt man einen Kater gewähren, so hilft er ihr rührend bei der Aufzucht des gemeinsamen Nachwuchses, der sich 65 bis 67 Tage nach erfolgter Paarung einstellt und bei der Geburt zunächst schneeweiß ist. Erst im Alter von einigen Tagen zeigt sich als Anzeichen der späteren Maskenzeichnung eine dunkle "Naht" an den winzigen Ohrmuscheln, und das rosa Näschen beginnt sich braun zu färben.
Mit den gleichen Typ-Merkmalen wie die Sealpoint-Siamesin, jedoch in einfarbig Ebenholzschwarz, gibt es daneben die "Ebony" genannte Orientalisch Kurzhaar (s.S. 62).

Siam Bluepoint

Im Jahre 1894 erschienen in England die ersten Bluepoint-Siamesen (rechts unten). In ihrem Erbbild verbindet sich die Anlage für die Dunkelfärbung des Haarkleides an den kältesten Körperstellen, den "Points", mit der Anlage für Blau. Der Standard dieser eleganten Katzen mit ihren zartgetönten, blaugrauen Abzeichen wünscht eine eisfarben-kalte Tönung des übrigen Haarkleides mit bläulicher Schattierung des Rückens und der Seiten. Dies gelingt nur dann, wegen über dem gesamten, eng anliegenden Fell, ebenfalls bedingt durch Erbveranlagung, zugleich ein leichter Silberschimmer liegt. Doch leider zeigt das Haar der Bluepoint häufig einen bräunlichen Ton, der eher dem der Sealpoint ähnelt. Die ideale Augenfärbung besteht in einem klaren, lebhaften Blau ("Chinablau"). Nasenspiegel und Fußballen sind schiefergrau. Weiße Zehen sind zwar selten, gelten aber bei allen Siamesen als schwerer Fehler. Derartige Katzen sollten niemals zur Zucht genommen werden. Die Bluepoint-Siamesin ist charmant und zärtlich. Sie schließt sich gern eng an "ihren" Menschen an und fühlt sich offenbar nur in inniger Gemeinschaft mit ihrer Familie wirklich glücklich und zufrieden. Als einfarbige Züchtung mit dem gleichen grazilen Körperbau kennen wir neben ihr die silberblaue Orientalisch Kurzhaar (s.S. 62).

Siam Chocolatepoint

In ihrem Äußeren ähnelt die meist ruhige und ausgeglichene Chocolatepoint-Siamesin (rechts oben) der Sealpoint, doch ist bei ihr der Kontrast zwischen Körper- und Abzeichenfarbe weniger stark ausgeprägt. Sie trägt in ihrem Erbbild die Veranlagung für Braun. Daher erscheinen ihre Abzeichen nicht schwarzbraun, sondern meist einheitlich milchschokoladenfarben getönt. Ihre Fußballen sind wie der Nasenspiegel zimtfarben. Die Farbe des gesamten, eng anliegenden, seidig schimmernden Haarkleides der Chocolatepoint ist helles Elfenbein. Diese lichte Färbung bleibt in vielen Fällen bis ins hohe Alter unverändert erhalten. Ihre Augen sind leuchtend klar und ausdrucksvoll, zeigen aber ein weniger intensives Blau als die der Sealpoint. Daher läßt sich bei ihnen die rötlich durchschimmernde Aderhaut mitunter deutlich erkennen. Die ersten Siamesen dieser Art waren schon um 1890 bekannt, zur gleichen Zeit, als die ersten Sealpoint England im Sturm zu erobern begannen. Zunächst hielt man sie für mangelhaft durchgefärbte Sealpoint-Siamesen. Es dauerte lange, ehe der genetische Unterschied beider entdeckt wurde. Heute gibt es außer dieser braunen Siamesin braune Varietäten bei fast allen Katzenrassen. So entwickelte sich aus der Chocolatepoint z.B. die langhaarige Chocolate-Colourpoint, aus welcher die Self-Chocolate-Perser hervorging. Auch die einfarbig kastanienbraune, "Havana" genannte Orientalisch Kurzhaar ist auf Chocolatepoint zurückzuführen. In der Siamesenzucht wird der Chocolatepoint in mancherlei Hinsicht ein hilfreicher Einfluß zugeschrieben. So soll die Paarung mit ihr in der Zucht der Seal- und Bluepoint bei den Nachkommen ein Nachdunkeln des Felles an Flanken und Bauch, das entweder bei zunehmendem Alter, beginnender Geschlechtsreife oder unter Kälteeinwirkung einzusetzen beginnt, weitgehend verhindern. Ein Nachteil hingegen ist es, daß damit die Abzeichenfarben ihre intensive, gleichmäßige Färbung einbüßen können. In der Zucht der Redpoint schreibt man dem Einfluß von Braun eine tiefere, sattere Rottönung der Abzeichen zu. Als Folge dieser Versuche gibt es heute nur wenige Siamesen, welche in ihrer Ahnentafel keine Chocolatepoint aufzuweisen haben.

Siam Lilacpoint

So wie sich blaue Abzeichen (Bluepoint) aus schwarzen (Sealpoint) entwickelten, ging aus dem Braun der Chocolatepoint das Lila der Lilacpoint (rechts unten) hervor. In Amerika nennt man diese Varietät der Siamesen häufig "Frostpoint", da ihre Abzeichen zart hellgrau mit leichtem rosa Schimmer getönt sind. Es ist schwierig, diesen unbeschreiblichen Farbton in Vollendung herauszuzüchten. Häufig erscheint er zu bräunlich, manchmal zu grau, so daß es auch für Zuchtrichter keine einfache Aufgabe ist, zu entscheiden, ob es sich bei der gezeigten Katze nicht vielleicht um eine unkorrekt gefärbte Bluepoint statt um eine Lilacpoint handeln mag. Erst bei Betrachtung der Fußballen läßt sich erkennen, welcher Farbe sie wirklich angehört. Denn die Fußballen einer Bluepoint sind schiefergrau, die einer Lilacpoint rosa.

Wie die Chocolatepoint weist auch die ideale Lilacpoint in ihrem beinahe weißen Haarkleid keinerlei dunklere Schattierung auf. Sie erweckt daher einen fast zerbrechlich-zarten Eindruck, obwohl ihr Körper bei aller Grazie in Wahrheit kräftig und muskulös gebaut ist wie der aller Siamesen. Ihre mandelförmigen Augen sind leuchtend blau und ähneln denen der Chocolatepoint. Auch in ihnen vermag man manchmal ein eigentümlich rötliches Glühen wahrzunehmen.

Als einfarbige Züchtung gibt es neben ihr die lilafarbene Orientalisch Kurzhaar, die unter dem Namen "Lavender" bekannt ist (s.S. 64).

Siam Tabbypoint
Die aparte Tabbypoint-Siamesin (rechts oben) ist bei uns seit 1966 anerkannt. In Amerika, wo sie genau wie die Red-und Tortiepoint als "Colourpoint Shorthair" bezeichnet wird, heißt sie noch immer wie früher "Lynxpoint" (Lynx = Luchs). Sie ist eine typische Siamesin mit langgestrecktem, muskulösem und geschmeidigem Körperbau. Das blasse, dicht am Körper anliegende Haarkleid sollte keinerlei dunklere Schattierung aufweisen, beginnt jedoch mit fortschreitendem Alter allmählich nachzudunkeln. Ihr keilförmiger Kopf verjüngt sich in langen, geraden Linien zu einer feinen Nase, deren Nasenspiegel zur Farbe der Streifung paßt (bei Seal-Tabby z.B. schwarz). Die Schnurrhaarkissen sind fein getupft, und auf der Stirn zeichnet sich ein markantes "M" ab. Faszinierend sind ihre dunkel umrandeten, strahlend blauen Augen, von deren Winkeln eine dunkle Linie bis an die großen, weit offenen Ohren verläuft. Auf deren Rückseite befindet sich ein heller "Wildfleck", der sich bei keiner anderen Siam-Varietät findet. Die schlanken Beine der idealen Tabbypoint sind gestreift, die Sohlen der leicht erhöhten Hinterbeine bis zum Gelenk dunkel gefärbt. Zahlreiche klare Ringe schmücken den langen, elegant getragenen Schwanz, der in einer feinen, dunkel gefärbten Spitze endet. Beim Jungtier dauert die Ausbildung der Tabby-Abzeichen lange. Nur an den stärker pigmentierten Schnurrhaarkissen kann der Züchter zunächst eine spätere Tabbypoint erkennen.
Im Wesen ist diese Varietät freundlich und aufgeschlossen. Sie wird heute in fast allen bekannten Farben gezüchtet. Sie alle konkurrieren auf Ausstellungen in einer Klasse, so daß es leider vorkommt, daß eine kräftig gefärbte Seal-Tabbypoint der schöneren, aber unscheinbareren Lilac-Tabby bei der Bewertung vorgezogen wird.

Siam Redpoint, Siam Tortiepoint und weitere Farben
Mit ihren rotgold oder aprikosenfarben getönten Abzeichen und dem schneeweißen Haarkleid, über dem auf dem Rücken ein leichter Anflug von Creme oder Rot liegt, wirkt die graziöse Redpoint-Siamesin wie eine zierliche Porzellanfigur und gehört auf Ausstellungen mit ihren strahlend blauen Augen zu den schönsten Siamesen. Wie beim Rot aller anderen Katzenrassen weisen auch bei ihr Beine und Schwanz meist eine leichte Streifung auf. In Verbindung mit Chocolatepoint wird es möglich, eine einheitlichere Färbung und eine Vertiefung der Rottönung zu erreichen.
Weibliche Nachkommen aus der Paarung eines Redpoint-Katers und einer Partnerin mit einer der vier klassischen Abzeichenfarben Seal, Blue, Chocolate oder Lilac werden Tortiepoint genannt (Tortoiseshell = Schildpatt). Man erhält diese für die Zucht wertvollen "Torties" (rechts unten) auch dann, wenn die Kätzin rote Abzeichen besitzt, der Kater jedoch nicht. Die Vielfalt der Farben, die sich aus Rot in Verbindung mit den anderen Siamesen-Farbschlägen ergibt, ist erstaunlich. Auch "verdünnte" Abzeichenfarben wie Creampoint, Bluecream-, Chocolatecream- und Lilaccreampoint sind denkbar und möglich. Leider erscheinen die Abzeichen dieser Varietäten häufig sehr blaß, so daß sie sich bei uns bisher nicht durchzusetzen vermochten.
Die neuesten englischen Züchtungen ergaben sich aus den interessanten Verbindungen aller beschriebenen Farben mit Silber. So ist eine ganz entzückende *Silvered Chocolate Tabbypoint* bekannt, die aus planmäßig gezüchteten "*Smoked Siamese*" hervorging.
All diese Varianten der "Maskensiamesen" werden ebenfalls in England, Holland und Deutschland in Einfarbig als Orientalisch Kurzhaar gezüchtet (s.S. 66).

Orientalisch Kurzhaar Schwarz (Ebony)
Die besonders elegant wirkende ebenholzschwarze Varietät der Orientalisch Kurzhaar (rechts oben mit 4 Wochen) wird schon seit Jahrzehnten unter verschiedenen Namen gezüchtet: In England als "Black Foreign Shorthair", "Oriental- oder Self-Black", "Self-Seal-Siamese"; in Holland als "Oosters Type Zwart"; in Australien als "Suzuki Black Foreign Shorthair". Stets bildeten "Maskensiamesen" in Verbindung mit einfarbigen schlanken Kurzhaarkatzen die Grundlage für eine planmäßige Zucht. Heute gleicht der Körperbau der idealen Ebony völlig dem der schlanken, kraftvollen Siamesin, deren Standard einer Bewertung auf Ausstellungen zugrunde gelegt wird. Kater erscheinen meist größer und schwerer als Kätzinnen. Die schwarze Orientalisch Kurzhaar trägt häufig "verdeckt" (rezessiv) neben einem Erbfaktor für die Ausbildung von "Points" die gleichen Farbanlagen im Erbbild wie manche Sealpoint-Siamesin. Daher können aus reinen Ebony-Paarungen neben Ebony und Sealpoint sowohl Orientalisch Kurzhaar als auch "Maskensiamesen" in Blue, Chocolate und Lilac hervorgehen.
Das lackschwarze, eng anliegende Haarkleid der erwachsenen Ebony sollte bis zum Grunde gleichmäßig durchgefärbt sein. Der schmale Kopf auf schlankem Hals, mit großen, am Grunde weit offenen Ohren, verjüngt sich in einem langen Keil zu einer feinen, schwarzen Nase. Die ein wenig schräg stehenden, leuchtenden, möglichst grünen Augen verleihen ihrem Gesicht einen wachen, intelligenten Ausdruck. Die Ebony besitzt lange, muskulöse, hinten etwas höhere Beine mit kleinen, ovalen Pfötchen. Ein dünner, in seiner Länge gut zur grazilen Gesamterscheinung passender Peitschenschwanz vollendet den harmonischen Eindruck. Die Ebony ist anpassungsfähig und heiter. Wie alle Orientalisch Kurzhaar wird sie gern als "gemäßigte Siamesin" bezeichnet. Sie liebt Gesellschaft und Zärtlichkeit und versteht es meisterlich, ihre Zuneigung deutlich zum Ausdruck zu bringen.

Orientalisch Kurzhaar Blau
Manchem Katzenfreund erscheint die Vielzahl einfarbig blauer Kurzhaar-Rassen zunächst verwirrend. Nur in ihrer jeweils dem Standard entsprechenden "Ideal-Gestalt" lassen sich diese Rassen unverkennbar voneinander trennen. Die schwere, gedrungene Form wird von der orange-äugigen Kartäuser (British Blue) verkörpert. Mittelschwer sind die Russich Blau, mit plüschartig abstehendem Fell und grünen Augen, die Burma, mit anliegendem Haar und goldenen Augen, sowie die seltene silbrig-blaue Korat. Diese ähnelt im Typ der Siamesin alter Prägung und bildet die Vorstufe zur blauen Orientalisch Kurzhaar (rechts unten), die typmäßig der modernen schlanken Siamesin entspricht. Ihr kurzes, seidiges, eng anliegendes Haarkleid ist mittel- bis hellblau und sollte keinerlei bräunliche Schattierung aufweisen. Jungtiere zeigen manchmal an Beinen und Schwanz leichte Geisterzeichnung, die sich jedoch mit zunehmendem Alter wieder verliert. Schon bei ihrer Geburt liegt über dem samtenen Babyfell ein kräftiger Silberschimmer. Deshalb wird sie auch oft treffend *Silberblau* genannt. Fußballen und Nasenspiegel sind schiefergrau. Ihre Gestalt ist zierlich und geschmeidig, mit gut zum Körper passendem Peitschenschwanz und langen, wohlgeformten Beinen. Der schmale Kopf bildet von vorn gesehen einen gestreckten Keil, der sich in großen, weit offenen Ohren fortsetzt. Ihre orientalisch geschnittenen, leuchtend klaren Augen sollten möglichst grün sein. Das Wesen dieser eleganten, harmonischen Silberblauen, die keinerlei Ähnlichkeit mit einer der anderen bei uns gezüchteten blauen Kurzhaar-Rassen aufweisen sollte, ist munter und lebhaft. Sie schließt sich oft innig an "ihren" Menschen an.

Havana (Orientalisch Kurzhaar Braun)

Der Name dieser kastanienbraunen "Katze für Kenner" (rechts oben) bedeutet eigentlich: "Gefärbt wie eine Havanna-Zigarre" und gibt keinen Hinweis auf ihre Abkunft. Sie wurde 1958 als erste Varietät der Orientalisch Kurzhaar in England unter dem Namen "Chestnutbrown Foreign Shorthair" mit eigenem Standard offiziell anerkannt. Chocolatepoint-Siamesen und einfarbige, schlanke Kurzhaarkatzen ergaben die Grundlage für den Aufbau dieser Zucht, aus der sich auf dem Wege über Schwarz diese aparte braune Form entwickelte. Wie bei allen Orientalisch Kurzhaar gehen aus der Verbindung zweier Havana häufig "Maskensiamesen" hervor, da diese von Zeit zu Zeit für die Zucht genommen werden. Der Havana-Standard stimmt sinngemäß mit dem Siam-Standard der anderen "Orientalen" überein. Häufig erscheint die Havana besonders groß und kräftig, wirkt dabei aber harmonisch und elegant. Ihr kurzes, eng anliegendes Haarkleid weist einen gesunden Glanz auf und sollte bei der erwachsenen Katze ohne jede Geisterzeichnung völlig gleichmäßig ausgefärbt sein. Der ideale Farbton entspricht dem Mittelbraun der Abzeichenfärbung von Chocolatepoint-Siamesen. Nasenspiegel und Fußballen sind zimtrosa. Schlanke, hohe Beine mit ovalen Pfötchen tragen den muskulösen, langgestreckten Körper. Ein dünner, gut dazu passender, spitzer Schwanz vervollständigt den ausgeglichenen Gesamteindruck. Der Kopf der Havana sollte schmal und keilförmig sein, das Profil lang und gerade, die großen Ohren am Grunde weit offen und hoch aufgerichtet. Ein strahlendes Grün der ein wenig schräg stehenden Augen wird bei der Bewertung bevorzugt. Doch wie auch bei den anderen Varietäten kann nur sorgfältige züchterische Auslese zur Erfüllung dieses Ideals beitragen.
Viele Havanas lieben es, die Aufmerksamkeit auf sich zu lenken. Ihr Wesen ist intelligent, aufgeschlossen und anschmiegsam. Havana-Kätzinnen sind wie alle Orientalen aufopfernde Mütter und lassen sich gern von ihrem Kater unterstützen. Der Standard der amerikanischen Havana weicht in einigen wichtigen Punkten von dem des GCCF ab und beschreibt einen eher mittelschlanken Katzentyp.

Orientalisch Kurzhaar Lila (Lavender)

Die Zucht der zartgetönten, ebenfalls seltenen "Lilac Foreign Shorthair" (rechts: Kater) ist seit langem bekannt. Ihr eng anliegendes, seidig schimmerndes Haarkleid ist wie die Abzeichen der Lilacpoint-Siamesin gefärbt und zeigt ein lichtes Hellgrau mit gleichmäßiger rosa Schattierung. Geisterzeichnung an Beinen und Schwanz ist nur bei Jungtieren gestattet und sollte sich bis zur Reife wieder verlieren. Die mandelförmigen, etwas schräg stehenden Augen werden apfelgrün gewünscht. Der Kopf der Lavender bildet einen langen Keil mit gestrecktem Profil, kräftigem Kinn und großen, am Grunde weit offenen Ohren. Der lange, schlanke Hals, hohe, muskulöse Beine und ein dünner Peitschenschwanz geben ein harmonisches Bild vollendeter Eleganz. Mit ihrer Anschmiegsamkeit und Freundlichkeit ähnelt die Lavender ein wenig der Lilacpoint. Bei aller Lebhaftigkeit ist ihr Wesen im Grunde ausgeglichen und ruhig, wie das aller "Orientalen". Dieser aparte Farbschlag geht nur dann aus Paarungen zweier Orientalisch Kurzhaar hervor, wenn beide Eltern sowohl Braun als auch Blau als Erbfaktoren besitzen. So entstammen die Vorfahren der Lavender Blau-tragenden Havana und Lilacpoint-Siamesen. Werden zwei Lavender miteinander gepaart, so erhält man ausschließlich lilagefärbte Nachkommen.
Wegen ihrer diffizilen, schwer zu beschreibenden Felltönung ist es ratsam, stets nur die farblich besten Jungtiere für die Weiterzucht zu verwenden.

Orientalisch Kurzhaar, weitere Farben

Außer in den klassischen Siamfarben werden auch bei uns vereinzelt einfarbige, schlanke Kurzhaarkatzen in anderen Farben gezüchtet. In England heißen sie *Oriental Pastel* und *Oriental Tabby* und konnten sich bereits viele Freunde erwerben. So entstand wegen ihres attraktiven Äußeren aus der Redpoint-Siamesin und der Ebony oder Havana die *Orientalisch Kurzhaar Schildpatt* oder *Oriental Tortie* (rechts oben, innen: Oriental Chocolate Tortie). Daraus ergab sich durch erneute Paarung mit Rot die leuchtend rot gefärbte "Self-Red", die wie die rote Burmesin meist noch leichte Geisterzeichnung aufweist. Vor kurzer Zeit wurde in England erstmals eine Siamesin in Verbindung mit Silber, die Smoked Siamese, gezüchtet, aus der sich die *Oriental Smoke* (rechts oben, außen) entwickelte. Ihr am Grunde silbergefärbtes kurzes Haar weist schwarze Spitzen auf, so daß ein beinahe durchsichtiger, zart platinfarbener Eindruck einsteht. Die *Oriental Tabby* ist eine exotisch wirkende, gemusterte Züchtung in allen Farben der Tabbypoint-Siamesin. Ihre Zeichnung besteht entweder aus schmalen, engen Streifen, die vom Rücken zur Körperunterseite verlaufen, oder aus gröberen, manchmal auch feineren Tupfen ("Forellentüpfelung") auf hellen Fellgrund. Diese "Spotteds" ähneln der in Amerika aus Siamesen und Abessiniern herausgezüchteten, eleganten *Ocicat,* die besonders lang und schlank ist. Eine andere Varietät getupfter Katzen des orientalischen Typs ist die bekannte *Egyptian Mau.* Seit 1953 wird sie entweder mit schwarzen Tupfen auf Silbergrund unter dem Namen "Silver Mau" oder mit bronzefarbener Zeichnung auf hell-bräunlichem Grund als "Bronze Mau"gezüchtet. Beide Farbschläge haben grüne oder bernsteinfarbene Augen, zwischen denen sich auf der Stirn eine klar umrissene "Skarabäus-Zeichnung" deutlich vom lichten Fellgrund abhebt. Die Mau soll direkt aus Ägypten stammen. In ihrem Wesen und ihrer Stimme erinnert sie eher an die Abessinier als an die lebhaftere, gesprächigere Siamesin. Der englische Typ ist schlanker als der amerikanische.

Orientalisch Kurzhaar Weiß (Foreign White)

Die Anregung für die Zucht weißer, schlanker Kurzhaarkatzen mit blauen Augen, ohne die angeborene Taubheit blauäugiger, weißer Varietäten anderer Rassen, ging vor etwa zehn Jahren von England aus. Weiße British Shorthair bildeten zusammen mit "Maskensiamesen" die Grundlage für ihre systematische Zucht, so daß die Foreign White (rechts unten) heute ihre Anerkennung erlangen konnte. Diese elegante, ästhetische Schlankform-Varietät ist auf Grund der Dominanz des Weiß in Wirklichkeit eine echte Siamesin. Das Saphirblau ihrer mandelförmigen Augen sollte klar und leuchtend wie das der Sealpoint sein. In allen Typ-Merkmalen gilt für sie der Siam-Standard. Ihr kurzes, dicht anliegendes,seidiges Haar ist reinweiß und darf keinerlei gelblichen Schimmer zeigen. Nasenspiegel und Fußballen sind zartrosa. Das für die Zukunft gesteckte Zuchtziel einer "reinerbigen Sealpoint im weißen Kleid" läßt sich verwirklichen, wenn die Foreign White über Generationen nur mit reinerbigen Sealpoint-Siamesen gepaart wird. Von einer Verbindung mit Orientalisch Kurzhaar ist abzuraten, weil sich daraus auch weiße Nachkommen mit anderer Augenfarbe ergeben. Bei der Geburt erscheinen alle Jungtiere aus der Verbindung von Foreign White mit Siam zunächst schneeweiß. Nur das geübte Auge vermag bereits zu diesem Zeitpunkt die spätere Foreign White zu erkennen. Die Foreign White besitzt das lebhafte, umgängliche Temperament aller blauäugigen Siamesen. Sie wird gern als Gefährtin für Siamesen oder Orientalisch Kurzhaar gewählt, da sie friedfertig und verträglich ist.

Ernährung und Pflege unserer Katzen

Katzen, die im Freien leben, essen Mäuse and andere kleine Nagetiere, selten auch Vögel und bestimmte Grünpflanzen. Dazu trinken sie frisches Wasser. Fleisch, Knochen und Innereien ihrer Beute — das ist alles, was sie brauchen, um gesund zu bleiben. Es ist bewiesen, daß Katzen mehr Eiweiß benötigen als Hunde. Jedoch sollte dies nicht allein aus der Fleischnahrung stammen.
Notwendig für die Ernährung sind:
Eiweiß, das sich vor allem in frischem Muskelfleisch und Fisch (mager, gekocht) sowie in Eiern, Quark und einigen Getreideprodukten befindet.
Leicht verdauliche *Fette* (Butter, Sonnenblumenöl).
Kohlehydrate, Getreideflocken, Reis (nur gekocht). Kartoffeln vermeiden.
Vitamine, in erster Linie in rohen Nahrungsmitteln (Vitamin A in Leber, B in Hefeflocken, viele Arten in Milch, Quark, Eigelb usw.).
Günstig ist es, die Mahlzeiten 2 - 3 mal wöchentlich mit einem Vitaminpräparat (z.B. einigen Tropfen Multibionta, Multimulsin o.ä,) anzureichern.
Mineralstoffe, wie Natrium, Calcium, Kalium, Magnesium, Eisen, Phosphor sind nur in Spuren notwendig. Sie befinden sich in Milch und abwechslungsreicher Kost. Dosen- und Trockenfutter nur als Beikost geben. Am besten hat sich Frischkost bewährt. Alles Essen stets lauwarm verabreichen. Räucherwaren oder Schokolade werden von Katzen schlecht vertragen. Viele Zimmerpflanzen sind giftig (z.B. Geranien, Philodendron, Schnittblumen, Weihnachtsstern). Besser ist es, selbstgezogenes Gras oder nicht gespritzten Cyperus aus der Gärtnerei zum Naschen anzubieten (regt zum Erbrechen verschluckter Haare an!). Als Getränk sollte stets frisches Wasser, das täglich zu erneuern ist, bereitstehen.
Eine Katze muß ständig beobachtet werden. Gut genährte, glückliche Katzen sind muskulös und geschmeidig (nicht dürr!) und fühlen sich, auch als Kastraten, niemals schwammig weich an. Das Fell ist glatt und glänzend, die Augen sind klar und leuchtend. Eine gesunde Katze ist, wenn sie nicht gerade schläft, lebhaft und verspielt! Hin und wieder ihre Ohren mittels Wattestäbchen leicht auswischen. Eine Katze pflegt ihre kostbaren Krallen selbst! (Kratzpfosten oder Sisalteppich zur Verfügung stellen!)
Kurzhaarkatzen mindestens einmal wöchentlich mit Bürste und Staubkamm gründlich, doch sanft von losen Haaren befreien! Langhaarkatzen je nach Jahreszeit täglich ein- bis zweimal mit weitzinkigem Kamm durchkämmen. Durch Talgabsonderung fettige Haarstellen an der Schwanzwurzel, in den Achselhöhlen und hinter den Ohren mit Spezialpuder (z.B. Euformal) leicht einpudern und bürsten. Baden nur im Notfall!
Bei Krankheit ist das Wesen einer Katze verändert. Zeigen sich seitlich gestellte Ohren (= Unbehagen), gesträubtes Rückenfell, Appetitlosigkeit, Apathie, tränende Augen, und hockt sie an einer Stelle, lustlos vor sich hinstarrend, sollte man die Temperatur messen (im After; normalerweise 38 - 38,5°C) und unverzüglich den Kleintierarzt zu Rate ziehen! Bei Katzen niemals selbst experimentieren! Lebensgefahr!
Daß Jungtiere erst dann von der Mutter getrennt werden, wenn sie entwurmt und durch Impfung ausreichend gegen Panleukopenie ("Katzenseuche") geschützt sind, ist selbstverständlich (regelmäßige Wiederholungsimpfung notwendig!). Mindestens vier Wochen vor Antritt von Auslandsreisen beim Amtstierarzt nach Bestimmungen des Reiselandes erkundigen!

Ideale Katzenhaltung - Glückssache?

Die engere Umwelt ist für die Katzenhaltung — ob Heimtier oder Zuchtkatze — ein wichtiger Faktor, denn jede Katze braucht einen ausreichenden Spielraum. Folgende Mindestvoraussetzungen sollten daher erfüllt werden, um allen Katzen optimale Lebensbedigungen zu gewährleisten:
Die Katzen sollten möglichst mit "ihren" Menschen zusammen in einer Wohngemeinschaft leben. Nur so können sie richtig gepflegt und ernährt werden und gesunde Jungtiere zur Welt bringen, die später als zuverlässig stubenreine und anhängliche Heimtiere ihren neuen Besitzern Freude bereiten. Keiner Katze sollte, wegen der auf sie lauernden Gefahren, gestattet werden, ohne Aufsicht den engeren Wohnbezirk "ihres" Menschen zu verlassen. Die Kastration beziehungsweise Sterilisation von Kater und Kätzin tragen zur Verringerung ihres Wandertriebes bei!
Gut heizbare, luftige Räume mit Tageslicht und Außenauslauf sollten hergerichtet werden, wenn — wie es sich bei intensiver Verfolgung eines bestimmten Zuchtzieles zwangsläufig ergibt — eine größere Anzahl von Katzen gehalten wird. Entsprechende Gliederung der Räume für Spiel- und Ruhebedürfnisse der Katzen mit Hilfe von Kletterbäumen, Kratzpfosten, Regalen, Körben usw. ist notwendig.
Die Mindestgröße eines Katzenraumes sollte etwa 10 qm, bei 1,80 m Höhe, betragen. In einem solchen Raum dürfen nicht mehr als vier Tiere zusammenleben. Die Größe eines Gemeinschaftsraumes ist also so zu bemessen, daß jede Katze mindestens 2,5 qm zur Verfügung hat.
Keine Katze sollte für längere Zeit ohne tierische oder menschliche Gesellschaft gehalten werden. Auch einen Zuchtkater sollte man nicht absondern, ihm — eventuell getrennt durch Maschendraht — die Gegenwart anderer Katzen gönnen.
Oberstes Gebot ist Sauberkeit, sowohl hinsichtlich der Katzentoiletten und der Eßgeschirre, als auch der Böden, Teppiche, Polster usw.
Bei Krankheit der Katze sollte intensive Behandlung unter tierärztlicher Kontrolle bis zur völligen Ausheilung erfolgen. Handelt es sich nach Aussage des Arztes um eine schwerwiegende Erkrankung (Infektion o.ä.), muß in dieser Zeit für hermetische Absoderung des betreffenden Tieres von den gesunden Katzen bis zur völligen Genesung Sorge getragen werden. Ausstellungsbesuche und Kontakte zu anderen Katzenhaltern sind in solchen Fällen zu unterlassen. Für eine gründliche Desinfektion der Räume während und nach der Behandlung ist zu sorgen (z.B. mit Quartamon).
Jungtiere dürfen nur ganz gesund, entwurmt und geimpft im Alter von mindestens 10 Wochen an ihren neuen Besitzer abgegeben werden.
Die Gesundheit und Kondition von Zuchtkätzinnen sollte man im Interesse des Nachwuches schonen und ihnen deshalb möglichst nicht häufiger als dreimal innerhalb von zwei Jahren die Gelegenheit geben, ein Nestchen aufzuziehen.
Nochmals: Erweisen Sie Ihren nicht zur Zucht verwendeten Katern und Kätzinnen den Gefallen und lassen Sie sie von einem Kleintierarzt sterilisieren. Das Wesen der Katzen wird dadurch nicht nachteilig beeinflußt. Sollten sich bei Ihnen noch weitere Fragen ergeben, so wenden Sie sich bitte an den Verlag, der Ihre Anfragen weiterleiten wird.

Literatur

Leyhausen, Verhaltensstudien an Katzen. Hamburg
Manton, Colourpoint and Himalayan Cats (Genetics, Breeding and Care of these and other Pedigree Cats. London
Petzsch, Die Katzen. Melsungen
Robinson, Genetics for Cat Breeders. Braunschweig
Wolff, Katzen — Verhalten, Pflege, Rassen. Stuttgart
Wolff/Bremer, Rassekatzen. Stuttgart
Zeitschriften:
Bulletin of the Feline Advisory Bureau (für Mitglieder des FAB). London
Cats Magazine for the breeder/exhibitor. Lincoln Nebrasca/USA
Cat World Magazine. Littleton Colorado/USA
Die Edelkatze. Wiesbaden
Felikat Magazine. Niederlande
Unsere Katze. Wiesbaden

Register der Katzennamen

Abessinier 54
Ägyptische Mau 66
American Shorthair 38
American Whirehair 36
Angcra (Perser) 14ff
Angora, Türkische 32
Ankara-Katze 32
Archangel-Katze 50

Balinese 34
Bengalkatze 10
Bicolor, Perser 22
Bicolor, Europäisch
  Kurzhaar 42
Birma 34
Bleu Russe 50
Bombay 54
British Blue 40
British Shorthair 38
Burma 54

Calico 22
Californian Rex 36
Cameo 30
Cameo Smoke 46
Cameo Tabby 26
Chinchilla, Europäisch
  Kurzhaar 46
Chinchilla,Perser 26
Chinese Harlequin 42
Cinamon 52
Colourpoint Perser 28
Cornish Rex 36
Cymric 32

Deutsch Langhaar 32
Devon Rex 36
Domestic Leopard Cat 10

Ebony 62
Egyptian Mau 66
Europäisch Kurzhaar 38ff
Europäisch Kurzhaar
  Bicolor 42
  Blau 40
  Blaucreme 42
  Chinchilla 46
  Creme 42
  Schildpatt 42
  Schildpatt und Weiß 42
  Schwarz 40
  Silvershaded 46
  Smoke 46
  Tabby 44
  Weiß 38
Exotic Shorthair 38
Exotische Wildkatze 10

Falbkatze 8
Foreign White 66

German Rex 36
Ginger 52

Hängeohrkatze 48
Hauskatze 38
Havana 64
Himalayan 28

Japanese Bobtail 42, 48

Kartäuser 40
Khmer 28
Korat 50
Kurzhaar, Europäisch 38ff
Kurzhaar, Orientalisch 62ff

Langhaar 14ff
Lavender 64

Main Coon 32
Margay 10
Manx 48
Mi-ke 42

Nacktkatze 36
Norsk Skaukatt 32

Ocicat 66
Oncilla 10
Oriental Pastel 66
Oriental Smoke 66
Oriental Tortie 66
Orientalisch Kurzhaar 62ff
Orientalisch Kurzhaar
  Blau 62
  Braun 64
  Lavender 64
  Lila 64
  Rct 66
  Schildpatt 66
  Schwarz 62
  Silberblau 62
  Tabby 10, 66
  Tortie 66
  Weiß 66
Ozelot 10

Perser 14ff
Perser Bicolor 22
  Blau 16
  Blaucreme 20
  Blauschildpatt 20
  Braun 28
  Cameo 30
  Chinchilla 26
  Colourpoint 28
  Creme 18
  Golden 30
  Lila 28
  Peke-face 30
  Schildpatt 20
  Schildpatt und Weiß 22
  Schwarz 16
  Silbergestromt 26
  Silvershaded 26
  Smoke 22
  Tabby 24
  Weiß 14
Polydactyls 48

Ragdoll 32
Red Smoke 46
Rex 36
Russian Blue 50
Russisch Blau 50

Sccttish Fold 48
Siam Bluepoint 56
  Chocolatepoint 58
  Lilacpcint 58
  Sealpoint 56
  Smoke 60
  Tabbypoint 60
  Tortiepoint 60
Si-Rex 36
Smoked Siamese 60
Somali 32
Sphynx 36

Tonkanese 54
Türkische Angora 32
Türkische (Van)
  Katze 32

Van Katze 32

Waldwildkatze 8
Wildkatze 8, 10

Bunte Kosmos-Taschenführer

Diese preiswerten Bände sind Vorstufe und Ergänzung zu den millionenfach bewährten Kosmos-Naturführern. Bunte Kosmos-Taschenführer verzichten bewußt auf einen umfangreichen Textteil. Sie zeigen in ausgesucht schönen und typischen Farbfotos Pflanzen, Tiere und Gesteine, deren Formen und Farben Freude machen. Folgende Bände sind bereits erschienen:

Pflanzen:
Bunte Welt der Alpenblumen
Bunte Welt der Gartenblumen
Bunte Welt der schönen Rosen
Bunte Welt der Zimmerblumen
Bäume und Sträucher
Die Natur im Jahreslauf
Das blüht an allen Wegen
Hier find ich Deutschlands schönste Pflanzen
Das blüht am Mittelmeer
Bunte Welt der Orchideen
Exotische Orchideen
Pilze in Wald und Flur
Pilze, die nicht jeder kennt
Heil- und Giftpflanzen
Pflanzen als Aquarienschmuck
Bunte Welt der Kakteen

Reiseführer für Naturfreunde:
Die Schwäbische Alb in Farbe
Der Schwarzwald in Farbe
Das bayerische Voralpenland in Farbe
Die Allgäuer Alpen in Farbe
Die Eifel in Farbe

Tiere:
Das fängt man mit der Angel
Korallenfische
Bunte Welt der Tropenfische
Fische fürs Gesellschaftsbecken
Bunte Welt der Vögel
Bunte Welt der Stubenvögel
Bunte Welt der Insekten
Wunderwelt der Schmetterlinge
Bunte Welt im Terrarium
Bunte Welt der Tiere
Kleine Hunde

Biotop-Führer:
Lebensraum Alpen
Die Natur in unserer Stadt
Seen, Moore, Wasserläufe
Wald und Forst
Wiesen, Weiden, Ackerland

Gesteine:
Bunte Welt der schönen Steine
Edelsteine

Erhältlich in Ihrer Buchhandlung.

Ausführliche Informationen über Bunte Kosmos-Taschenführer und Kosmos-Naturführer finden Sie in unserer Informationsschrift P 018, die wir Ihnen gerne kostenlos und unverbindlich zusenden.

KOSMOS-Verlag · Franckh'sche Verlagshandlung
7 Stuttgart 1 · Postfach 640